川南页岩储层孔隙结构与含气性

朱汉卿　贾爱林　位云生　袁　贺　著

石 油 工 业 出 版 社

内 容 提 要

本书以四川盆地长宁和昭通两个区块五峰—龙马溪组海相页岩为研究对象，综合利用地质学、地球化学、地球物理、材料科学、计算机科学等，对页岩微观孔隙结构特征、页岩储层吸附能力、气体赋存机理等影响页岩气有效开发的基础性科学问题进行了研究。

本书可供石油、天然气勘探开发研究人员及高等院校相关专业师生参考。

图书在版编目（CIP）数据

川南页岩储层孔隙结构与含气性 / 朱汉卿等著
. — 北京 ：石油工业出版社，2022. 4
ISBN 978-7-5183-5376-7

Ⅰ. ①川… Ⅱ. ①朱… Ⅲ. ①页岩-孔隙储集层-研究-川南地区 Ⅳ. ①P618. 130. 2

中国版本图书馆 CIP 数据核字（2022）第 090929 号

出版发行：石油工业出版社
（北京安定门外安华里 2 区 1 号　100011）
网　址：www. petropub. com
编辑部：（010）64523708
图书营销中心：（010）64523633
经　　销：全国新华书店
印　　刷：北京中石油彩色印刷有限责任公司

2022 年 4 月第 1 版　2022 年 4 月第 1 次印刷
787×1092 毫米　开本：1/16　印张：9
字数：180 千字

定价：100. 00 元
（如发现印装质量问题，我社图书营销中心负责调换）

前　言

近年来，随着勘探开发技术手段的进步，特别是水平井钻井以及水力压裂完井技术的发展和普及，全球非常规油气资源得以有效开发，北美掀起页岩气革命。中国页岩气可采资源量丰富，技术可采储量达到 $25.1\times10^8m^3$，具有极大的经济价值，中国石油在四川盆地南部建立了多个页岩气国家级示范区，累计探明地质储量达到 $10610.3\times10^8m^3$，形成了川南万亿立方米页岩气大气区。与常规油气藏相比，页岩气藏具有极低的孔渗、特殊的孔隙结构以及气体赋存状态，对页岩气藏的勘探开发提出了新的挑战，针对页岩储层微观孔隙结构及含气性预测的深入研究很有必要。

本书以四川盆地长宁和昭通两个区块五峰—龙马溪组海相页岩为研究对象，综合利用地质学、地球化学、地球物理、材料科学、计算机科学等多学科交叉手段，对页岩微观孔隙结构特征、页岩储层吸附能力、气体赋存机理等影响页岩气有效开发的基础性科学问题进行了研究。主要包含以下内容：(1)通过一系列实验手段，深入认识过成熟页岩储层微观孔隙结构。使用氩离子抛光技术处理页岩样品并观察镜下页岩孔隙形态分布，将页岩孔隙分为有机质孔隙、粒间孔隙以及粒内孔隙三种类型，其中，有机质孔隙是页岩中最广泛发育的孔隙类型，对气体的吸附和储存有重要意义。使用 87.5K 温度的低压氩气吸附实验，计算页岩比表面积、孔隙体积、分形维数等孔隙结构参数，实现页岩纳米级孔隙全孔径分布的定量表征，并探讨了影响页岩微观孔隙结构发育的因素。(2)使用重力法测试页岩高温高压下的甲烷吸附等温线。建立了超临界条件下甲烷吸附平衡预测模型，推导了过剩吸附量和绝对吸附量的关系，认为在超临界条件下甲烷吸附等温线出现极大值是必然现象。探讨了影响页岩吸附能力的因素。(3)进行甲烷气体赋存状态的分子模拟研究。从吸附质分子的微观运动角度出发，采用分子模拟手段模拟甲烷在狭缝型活性炭孔中的吸附行为和吸附曲线，分析不同温度、不同孔径下的吸附差异以及赋存状态，定量计算了不同温压、不同孔径下的吸附气和游离气的相对含量。(4)研究区页岩气开发储量评价。根据等温吸附实验结果，经过温压校正以及 TOC 校正得到吸附气含量解释模型，根据孔隙度及含水饱和度测井解释模型以及吸附气含量得到校正后的游离气含量，并使用体积法计算蜀南地区长宁 201 井区以及昭通地区黄金坝井区的开发储量。

本书的出版得到国家科技重大专项（2017ZX05037002）资助。本书在撰写过程中，得到了中国石油勘探开发研究院气田开发研究所天然气开发实验室以及齐亚东、王军磊、乔辉、石晓敏、黄小青、张成林等的支持与帮助，在此表示诚挚的感谢。

由于编者水平有限，书中难免存在不足之处，敬请广大读者批评指正。

2022 年 4 月

目　录

第一章　绪　论

第一节　页岩气基本定义

页岩(shale)一词最早由Hooson在1747年创立，这一术语原本是指页理构造发育且易剥离的一种薄层状泥质岩，多被用于野外岩石描述和地层定名(如美国西部得克萨斯州沃斯堡盆地下石炭统Barnett页岩)。目前对页岩的定义有广义和狭义之分，狭义的页岩指由粒径小于0.0039mm的细粒碎屑、黏土、有机质等组成，具有页状或薄片状层理、易碎裂的一类沉积岩(姜在兴，2003)，广义的页岩泛指颗粒粒径小于63μm且含量大于50%的所有细粒沉积岩，这其中包括了泥岩、页岩(狭义)、粉砂岩、泥灰岩等众多低能量环境中沉积的岩类，如Loucks等(2007)定义的Barnett页岩，Wang等(2013)定义的Marcellus页岩，Jiang等(2013)和Guo等(2014)定义的龙马溪组页岩，这些所谓的页岩本质是多种岩性的集合体。

页岩气，顾名思义，就是从页岩层系中开采出来的一种天然气。国内学者一般从页岩气的储集岩性和赋存状态两个方面考虑页岩气的定义，认为页岩气是在富有机质泥页岩及其夹层中，以吸附态和游离态为主要方式存在并富集的天然气(邹才能等，2010)。

页岩气主要在富有机质页岩区带中被发现，这些区带是富含大量天然气的连续分布的页岩地层。页岩气以游离态和吸附态两种状态为主存在于页岩内，游离气主要存在于无机孔隙和天然裂缝中，吸附气主要存在于有机质及黏土矿物表面，还有极少量溶解态存在于干酪根和沥青质中，游离气比例通常介于20%~85%，主体为自生自储的、大面积连续型天然气聚集。在地层条件下，页岩基质渗透率通常小于0.001mD，单井一般无自然产能，需要通过一定压裂改造措施才能获得工业产能。

根据石油评估工程师协会(SPEE)在2009年成立的资源型油气勘探委员会给出的定义，页岩气属于资源型油气勘探的一种类型，其他类型还包括煤层气、致密气、盆地中心气和某些致密油藏，也就是美国石油地质家协会(AAPG)和石油工程师协会(SPE)所称的非常规油气藏。它们具有连续性油气聚集的特征，与常规构造油气藏或地层油气藏为代表的非连续性油气聚集特征明显不同(图1-1)，主要表现在以下几个方面。

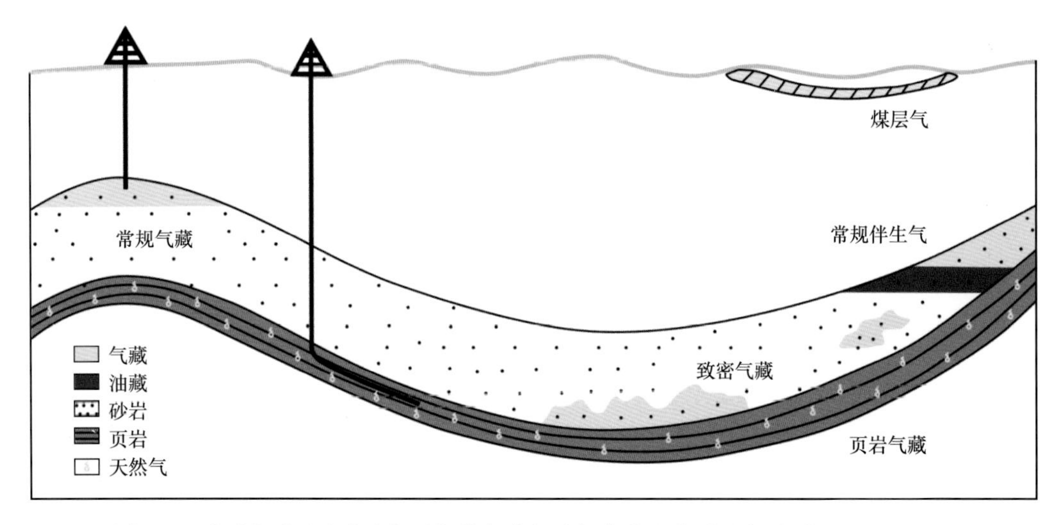

图 1-1　含油气盆地内非常规油气藏与常规油气藏共生关系示意图（据 EIA，2010）

一、自生自储，持续聚集

页岩气集生烃层、储层和封盖层于一体，自生自储连续性聚集，无明显运移或者运移距离极短，且不受构造圈闭和水动力的控制，既无明显的盖层或圈闭，也无明确的气水界面。

二、大面积连续分布

页岩含油气系统一般呈区域性广泛分布。气的分布范围往往与高伽马富有机质的含气页岩分布范围相当，既可分布在背斜构造顶部（涪陵示范区），也可以发育在凹陷区或斜坡区（长宁—威远示范区），区域性含气面积可达数十平方千米，甚至数百平方千米。

三、储层致密，纳米孔隙发育

含气页岩储层岩石类型多样，岩性致密，非均质性强，具有超低孔渗特征，基质渗透率一般介于微达西至纳达西之间。储层孔隙除了碎屑颗粒内或之间的微孔隙和纳米孔隙之外，还具有有机质中因生烃作用而大量发育的有机质孔隙。

四、游离态与吸附态两种主要赋存方式

页岩气组成以甲烷为主，乙烷、丙烷等含量少，可以存在 N_2、CO_2 等非烃气体。页岩气兼具常规气藏和煤层气的特点，既有赋存在孔隙和微裂缝中的游离气，还有赋存在有机质和黏土矿物表面的吸附气，部分存在溶解于干酪根和沥青中的溶解气。页岩吸附气含量随深度不同有较大变化，单吸附气含量总体小于煤层吸附气（85%以上）；游离气含量与常规天然气相似，储层物性越好，游离气含量越高。

五、采收率低

根据美国主要页岩气产气盆地的统计，页岩气田采收率一般为 12% ~ 35%（EIA，2011）。如埋藏较浅、地层压力较低、有机质丰度较高、吸附气含量较高的 Antrim 页岩气田的采收率可达 26%；而埋藏较深、地层压力较高、吸附气所占比例相对较低的 Barnett 页岩气田的采收率早期较低，为 7%~8%，随着水平井和压裂技术的进步，预计最终采收率可达 25%左右。

六、无自然产能，生产周期长

页岩储层致密，需要大规模压裂，形成“人造”裂缝系统。气体产出以非达西流为主，存在解吸、扩散、渗流等相态与流动机制的转化。页岩气藏早期以产出游离气为主，类似于常规天然气的开发，其后的产出以吸附气的解吸、扩散为主。页岩气田开采寿命一般可达 30~50 年，甚至更长。美国联邦地质调查局数据显示，美国沃斯堡盆地 Barnett 页岩气田开采寿命可达 80~100 年。开采寿命长，可开发利用价值大，决定了它的发展潜力。

页岩气的开发得益于工程技术的进步，主体开发技术包括钻采技术、增产技术以及微地震监测技术，水平井分段压裂是页岩气得以大规模商业开发的关键。

第二节 北美页岩气资源及勘探开发情况

全球范围内的页岩气资源量丰富，具有巨大的开发潜力。根据美国能源与信息署（EIA）2011 年的统计，全球页岩气资源总量约为 $456\times10^{12}m^3$，占非常规天然气资源总量的 50%左右，与常规天然气资源量相当。

北美页岩气主要分布于前陆盆地和克拉通盆地半深海—深海陆棚沉积环境，包括前陆盆地、被动陆缘盆地、陆内坳陷盆地和陆缘坳陷盆地等。前陆盆地页岩气埋藏较深、地层压力高、有机质成熟度高、含气饱和度高、游离气含量高；克拉通盆地页岩气埋藏较浅、地层压力较低、有机质成熟度低。

北美地区是最早开始页岩气勘探开发的地区，在突破水平井完井技术以及多段压裂等关键技术的基础上，美国、加拿大实现了对页岩气的商业化开发。其中，美国是最早从事页岩气勘探开发的国家，早在 1821 年就在阿巴拉契亚盆地钻了第一口页岩气井，该井在泥盆系的 Dunkirk 黑色页岩中生产天然气。1927—1962 年，美国哥伦比亚燃气系统服务公司每年在 Devonian 页岩层位钻探数十口探井，促进了对页岩的研究（Smith，1979）。20 世纪 70 年代末，受国际高油价的影响，关于页岩气的研究越来越受到重视，主要集中在对福特沃斯盆地 Barnett 页岩的研究。目前，美国的页岩气开发已经实现了大规模的商业化生产（图1-2），其页岩气产地主要分布在以阿巴拉契亚盆地为代表的东部早古生代前陆盆地带，以福特沃斯盆地为代表的南部晚古生代前陆盆地带，以圣胡安盆地为代表的西部中生代前陆盆地带以及以密歇根盆地和伊利诺伊盆地为代表的古生代—中生代克拉通盆地带（图1-3）(Hill 和 Nelson，2000)，前陆盆地页岩气资源量和可采资源量分别占已发现资源量的65.7%~75.7%和49.6%~58.1%(Curtis，2008)(表1-1)。

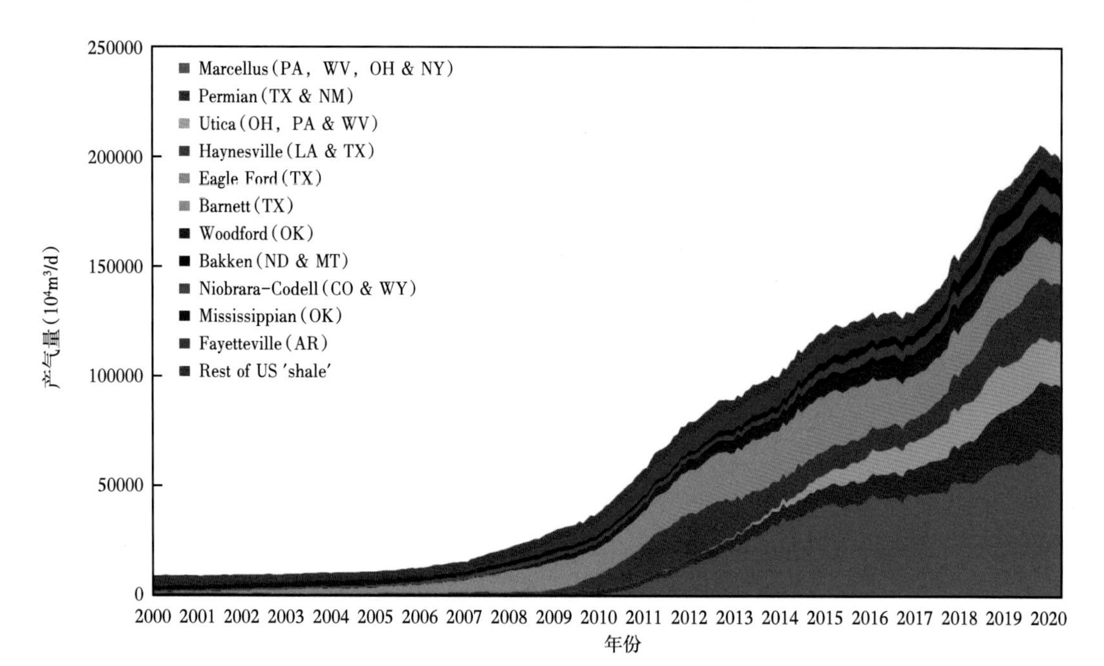

图1-2　美国各大页岩气田日产量(据 EIA，2020)

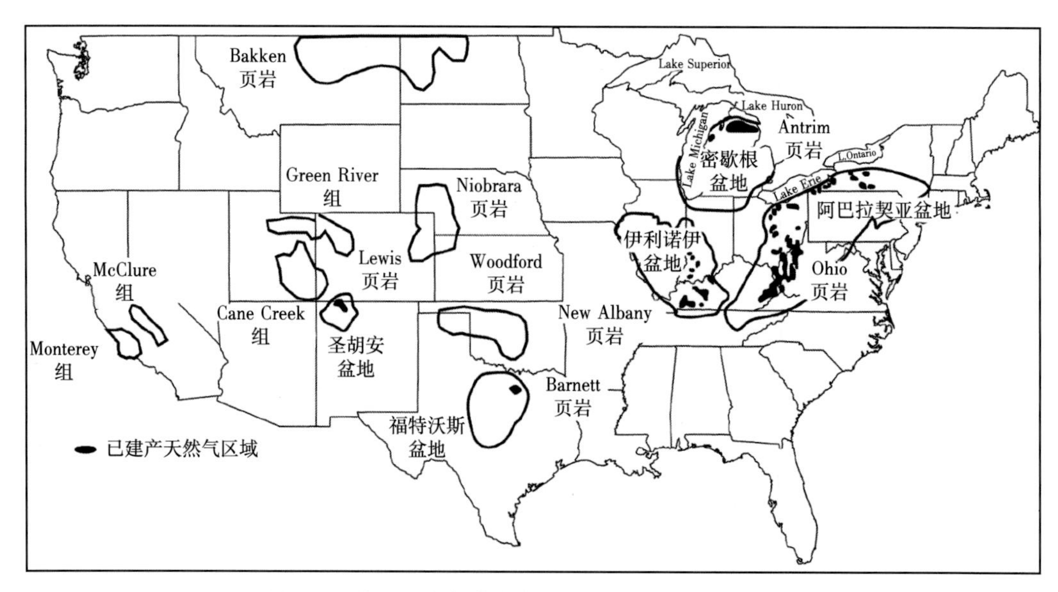

图1-3　美国页岩气藏分布(据 Hill 和 Nelson，2000)

表 1-1 美国五套典型页岩气系统的地质、地球化学和工程参数(据 Curis, 2002)

页岩	Antrim	Ohio	New Albany	Barnett	Lewis
盆地	密歇根	阿巴拉契亚	伊利诺伊	福特沃斯	圣胡安
层位	Devonian	Devonian	Devonian	Carboniferous	Cretaceous
埋藏深度(m)	183~730	610~1524	183~1494	1981~2591	914~1829
总厚度(m)	49	91~305	31~122	61~91	152~579
有效厚度(m)	21~37	9~31	15~30	15~60	61~91
井底温度(℃)	23.9	37.8	26.7~40.6	93.3	54.4~76.7
TOC(%)	0.3~24	0~4.7	1~25	4.5	0.45~2.50
R_o(%)	0.4~0.6	0.4~1.3	0.4~1.0	1.0~1.3	1.60~1.88
总孔隙度(%)	9	4.7	10~14	4~5	3.0~53.5
含气量(m^3/t)	1.13~2.83	1.69~2.83	1.13~2.26	8.50~9.91	0.42~1.27
吸附气含量(%)	70	50	40~60	20	60~85
储层压力(psi)	400	500~2000	300~600	3000~4000	1000~1500
单井日产量(m^3)	1133~14159	850~14159	283~1416	2832~28317	2832~5663
采收率(%)	20~60	10~20	10~20	8~15	5~15
单井储量(10^6m^3)	5.66~33.98	4.25~16.99	4.25~16.99	14.16~42.48	16.99~56.63

美国页岩气藏地质和开发条件优越，页岩气储层分布面积广、埋藏适中、单层厚度大、有机质丰度高、成熟度适中、含气量较高、页岩脆性好、产水量少，围岩条件有利于水力压裂控制。这些页岩大多数为含油气盆地中的主力烃源岩，尤其以受上升洋流影响、倾油混合型干酪根为主的海进体系域黑色页岩为主，且处于大量生气阶段或充注过程中，既保存了较高的残余有机质丰度，储集大量吸附气，又能新增一定的孔隙度，容纳足够数量的游离气，有助于提高机制系统的渗透性，一般具有产量高、经济效益好的特点。

美国能够低成本、大规模地开发页岩气资源，除了得益于配套设施、产权制度、市场机制和政策支持等一系列成熟配套条件外，其成功的关键在于掌握了先进的勘探开发技术及装备。页岩气开采的关键技术实验研发始于 19 世纪，经过了几十年的发展最终取得突破，技术发展经历了三代页岩气革命（表 1-2），水平井钻完井和大型水利压裂两大关键技术取得突破和规模推广应用，水平井段长度由 1500m 提高到 3000~5000m，钻井周期由 30~40 天缩短到 5~10 天，单井累计可采储量达到 $3\times10^8\sim8\times10^8m^3$，不仅做到了大规模、低成本、多领域有效开发，更是做到了多层系立体开发，使页岩气的商业开发实现了低成本和大产量。

表 1-2　北美页岩气三代革新主要技术指标

指标	第一代	第二代	第三代
形成时间	2002—2013 年	2014—2015 年	2016—2019 年
水平井段长(m)	1500	2000~2500	3000~5000
钻井周期(d)	30~40	15~20	5~10
压裂段数	300	250	200
每段簇数	1~3	6~9	12~15
支撑剂(lb/ft)	1000~1500	2000	3000+
液体性质	混杂流体压裂液	滑溜水压裂液	滑溜水压裂液
压裂效率(段/d)	2~4	6~8	12~18
压裂评价	微地震	三维示踪剂	三维示踪剂
单井累计可采储量(10^8m^3)	1.4	2.0~2.8	3.0~8.5
单井成本(万美元)	5600	4500	3500
每段成本(万美元/段)	12~25	8~12	4~8

得益于良好的政策环境以及持续的技术进步，美国天然气工业发展迅速。2007 年以来，美国页岩气进入跨越式发展，超过了致密气和煤层气等其他非常规油气资源；2009 年美国页岩气产量超过 $878\times10^8m^3$，占美国天然气总量的 13%；2018 年，美国页岩气产量达到 $6072\times10^8m^3$；2019 年页岩气产量达到 $7153\times10^8m^3$；2020 年，受国际油价波动的影响，页岩气产量呈现下降的趋势。预计在 2050 年前，页岩气都将是美国天然气产量增长的主要领域，页岩气将为美国贡献约四分之三的天然气产量。技术进步和作业运行的完善也将不断降低成本，同时提高单井最终产量，对未来页岩气增长具有重要影响。根据英国 BP 公司预测，2035 年前，美国页岩气将是全球页岩气供应增长的主要来源。

加拿大是继美国之后世界上第二个成功勘探开发页岩气的国家，其页岩气资源主要分布在东部和西部，包括 Montney 页岩和 Utica 页岩等九大页岩气区块。加拿大页岩气开发历程主要分为 2006 年以前和 2007 年以后。2006 年以前勘探开发主要集中于西加拿大盆地，但是年产量仅有 $2.7\times10^8m^3$。2007 年以后，随着美国水平井钻井技术、大型水力压裂技术等多项页岩气开发核心技术的形成以及在加拿大的推广应用，页岩气开发层序由过去的三叠系 Montney 页岩拓展到中泥盆统 Horn River 页岩，不列颠哥伦比亚省东北部开发了第一个商业性页岩气藏，当年产量就达到 $8.3\times10^8m^3$。2020 年，加拿大的页岩气年产量为 $55\times10^8m^3$，2035 年，加拿大页岩气年产量预计将达到 $434\times10^8m^3$。

第三节 中国页岩气资源潜力

中国页岩气资源总量大，但基于评价方法和认识的不同，各家研究机构的资源评价预测结果有较大的出入。根据中国石油天然气集团有限公司第四次资源评价结果，中国陆上页岩气可采资源量为12.85×$10^{12}m^3$，其中，海相页岩气可采资源量为8.82×$10^{12}m^3$，占比69%；海陆过渡相页岩气可采资源量为2.37×$10^{12}m^3$，占比18%；陆相页岩气可采资源量为1.66×$10^{12}m^3$，占比13%。

与北美海相页岩气相比，中国页岩气形成的资源基础具有多样性。中国陆上沉积盆地内广泛发育海相、海陆过渡相以及陆相三种类型的富有机质页岩（董大忠等，2016）。其中，海相富有机质页岩主要沉积于早古生代，主要分布在四川盆地周缘等广大南方地区以及塔里木盆地、羌塘盆地等西部地区；海陆过渡相—煤系页岩沉积于石炭—二叠纪，主要分布于华北以及西北部盆地；陆相富有机质页岩沉积于中—新生代，主要分布于东部松辽盆地、渤海湾盆地以及中部的鄂尔多斯盆地等。

中国海陆过渡相页岩及陆相页岩成藏条件和潜力相对较差。海陆过渡相页岩干酪根类型以II_2型—Ⅲ型为主，有机质成熟度在1.0%～2.5%之间，以干酪根热解气为主，普遍处于生气高峰。纵向上多层分散分布，含砂岩夹层，平面上横向变化大，有机质孔隙发育程度低，这些因素都制约了海陆过渡相页岩气藏的成藏和有效开发。在海陆过渡相页岩的前期勘探评价中，要优选埋深适中、连续厚度较大、构造稳定、气体保存条件较好的区块作为有利区。目前中国海陆过渡相页岩总体处于勘探评价阶段，近期在鄂东大宁—吉县区块取得了重要发现，个别探井见工业气流，显示具备良好的开发前景。陆相富有机质页岩形成时间较晚，页岩总厚度较大，集中段相对发育，是中国陆上大型产油区的主力烃源岩。干酪根为Ⅰ型—II_2型，有机质热演化程度较低，普遍处于生油阶段，有机质孔隙不发育，页岩储集空间有限，黏土含量较高，储层可压性差，且陆相沉积受高频旋回的控制，岩性变化较快，页岩层系连续性较差（林腊梅等，2013），这些特点都加大了陆相页岩气勘探开发的难度。目前仅在四川盆地下侏罗统和鄂尔多斯盆地南部三叠系延长组获得了工业气流，资源前景存在较大不确定性（何发岐等，2012；王香增等，2014）。

与海陆过渡相页岩和陆相页岩相比，中国海相页岩形成时代老，平面上分布稳定，优质页岩连续厚度大，有机碳含量高，以Ⅰ型干酪根为主，II_1型有机质为辅，热演化程度较高，有机质成熟度通常高于2.0%，以原油裂解生气为主，有机质孔隙的发育为气体的赋存提供了大量的储集空间，脆性矿物含量高，可压裂性强，黏土矿物以伊利石为主，成岩演化程度高，页岩气成藏条件优越（赵文智等，2016）（表 1-3）。

表 1-3　中国三类富有机质页岩气藏特征简表（据董大忠等，2016）

类型	有利区范围	集中段特征	生气潜力	含气性	可压裂性
海相页岩	面积大（10×10^4~$20\times10^4km^2$）	厚度大连续（30~80m）	生气量大（Ⅰ型—II_1型，R_o为2.0%~5.0%，油裂解气为主）	含气量高（有机质孔隙发育，比表面积大，含气量1.0~6.0m^3/t）	好（脆性矿物>40%，黏土矿物以伊利石为主）
海陆过渡相页岩	面积较大（5×10^4~$10\times10^4km^2$）	厚度小不连续（<15m）	生气量偏小（II_2型—Ⅲ型，R_o为1.0%~2.5%，热解气为主）	含气量低（有机质孔隙不发育，比表面积小，含气量多数<1m^3/t）	一般（脆性矿物30%~60%，黏土矿物以伊/蒙混层为主）
陆相页岩	分布局限（<$5\times10^4km^2$）	厚度较大变化快（20~70m）	生气量小（Ⅰ型—II_2型，R_o为0.5%~1.3%，生油为主）	含气量偏低（有机质孔隙不发育，比表面积小，含气量0.5~2.2m^3/t）	差（脆性矿物20%~50%，黏土矿物以蒙皂石为主）

中国各地质历史时期富有机质页岩均十分发育，页岩气资源主要分布在新元古界震旦系，下古生界寒武系、奥陶系、志留系，上古生界泥盆系、石炭系、二叠系，中生界的三叠系、侏罗系、白垩系和新生界古近系。

不同时代页岩的发育和分布受塔里木板块、华北板块和扬子板块影响，海相富有机质页岩主要分布在塔里木克拉通、华北克拉通、扬子克拉通三大区块，海陆过渡相富有机质页岩主要分布在扬子板块二叠系、华北板块石炭—二叠系、河西走廊地区和新疆地区石炭—二叠系，陆相富有机质页岩主要分布在松辽盆地、渤海湾盆地、鄂尔多斯盆地、准噶尔盆地、吐哈盆地和四川盆地六大含油气盆地。页岩气资源主要分布于塔里木盆地、准噶尔盆地和松辽盆地等九个盆地。在扬子板块古生界、华北板块下古生界、塔里木盆地寒武—奥陶系广泛发育有海相页岩；准噶尔盆地中—下侏罗统、吐哈盆地中—下侏罗统、鄂尔多斯盆地上三叠统等发育有大量的陆相页岩。

大区油气地质资源量分布上，上扬子地区及滇黔桂地区资源丰富，约占全国总资源量的60%，其次为中—下扬子地区及东南地区，约占全国总资源量的20%，华北地区及东北地区相对较低。从盆地（地区）分布看，四川盆地及周缘页岩气资源量最大，其地质与可采资源量均占全国50%以上，是中国页岩气资源分布最为集中的地区，其次为南华北盆地，鄂尔多斯盆地页岩气资源相对较少。从层系分布看，页岩气资源主要分布在下古生界，地质与可采资源量均占全国总量的50%以上，其次为上古生界，地质与可采资源量约占全国总量的25%。

以四川盆地为例，盆地及其周缘发育了六套海相、海陆过渡相以及陆相页岩地层，自下而上分别为震旦系陡山沱组滨海相页岩、寒武系筇竹寺组深水陆棚页岩、奥陶系五峰组—志留系龙马溪组深水陆棚页岩、二叠系龙潭组海陆过渡相页岩、三叠系须家河组湖泊—沼泽相页岩以及侏罗系自流井组滨湖相页岩（表1–4）。

表1–4 四川盆地六套页岩地质参数对比表（据马新华等，2018）

层系	沉积环境	有机碳含量（%）	含气量（m^3/t）	黏土含量（%）	优质页岩厚度（m）	R_o（%）	岩性
自流井组	滨湖	0.9~2.6		30~50	20~120	0.6~1.3	黑色页岩
须家河组	湖泊—沼泽	1.0~2.5		35~60	30~150	0.7~1.4	粉砂质泥岩
龙潭组	海陆过渡相	2.0~4.0		10~20	20~60	1.8~3.2	砂质页岩
龙马溪组	深水陆棚	2.0~5.0	1.7~8.4	15~40	20~80	2.1~3.6	碳质泥页岩
筇竹寺组	深水陆棚	4.0~8.0	0.8~2.8	10~35	60~135	2.5~4.3	粉砂质页岩
陡山沱组	滨海	0.3~3.5		20~40	20~100	3.0~4.5	石英砂岩、黑色页岩

目前四川盆地及其周缘五峰—龙马溪组海相页岩气勘探开发已取得重大突破，形成了工业产能。

第四节 川南海相页岩气勘探开发历程

与北美相比，中国对于页岩气资源的勘探开发起步较晚。川南是中国石油页岩气勘探开发的主战场，页岩气主要分布在宜宾、昭通、泸州、威远等地。按照中国石油在川南地区的页岩气勘探开发实践，可以大致将川南海相页岩气勘探开发历程分为三个阶段。

一、评层选区阶段

2006年，中国石油与美国新田石油公司就川南威远地区在常规气藏钻井过程中钻遇寒武系筇竹寺组和志留系龙马溪组时有油气显示的现象展开研讨，确定了中国南方海相页岩沉积区为页岩气勘探开发有利地区。2007年，中国石油与美国新田石油公司合作评价威远地区页岩气，主要是针对川南威远地区筇竹寺组、龙马溪组进行评价分析，拉开了四川盆地页岩气勘探的序幕（董大忠等，2012）。

2008年，中国石油勘探开发研究院在川南长宁构造志留系龙马溪组露头区钻探了中国第一口页岩气地质评价浅井——长芯1井，钻遇下志留统龙马溪组、上奥陶统五峰组和宝塔组，共取心154m（王社教等，2009），对页岩样品的矿物组分、热演化程度、有机质类型、镜下特征等进行了全面分析(陈文玲等，2013)，结果表明，龙马溪组底部为富有机质黑色纹层状泥岩，石英、长石以及黄铁矿平均含量为51.9%，黏土矿物平均含量为24.7%，方解石和白云石平均含量为23.4%，其矿物组分与北美典型页岩储层具有一定的相似性。

2009年底，中国石油与壳牌公司在川南深层富顺—永川地区开展了中国第一个页岩气国际合作勘探开发项目，联合对川南地区志留系龙马溪组、寒武系筇竹寺组页岩气的开发潜力进行评价，致力于将壳牌公司在北美获得的页岩气勘探开发经验用于该项目，并于2010年底顺利开钻第一口页岩气评价井——阳101井，井深3577m，取心29.8m，取得了大量的钻井、试油及试采资料。2012年9月27日，第一口页岩气开发井阳201-H2井成功试采，试采井口压力61.45MPa，瞬时气量$6\times10^4m^3$。

二、示范区建设阶段

2009年底，中国石油通过了页岩气产业化示范区工作方案，确定了龙马溪组和筇竹寺组为重点层位，明确了长宁、威远和昭通三个页岩气产业化示范区建设，提出了建设产能目标$15\times10^8m^3/a$，并开始了页岩气钻井和压裂先导试验。2010年4月，中国石油在威远地区完钻中国第一口页岩气评价井——威201井，压裂获得了工业性页岩气流(邹才能等，2013)，从而发现了威远页岩气田，该井完钻井深2840m，目的层位为五峰—龙马溪组和筇竹寺组，其中，龙马溪组获得试气产量$0.3\times10^4\sim1.7\times10^4m^3/d$，筇竹寺组获得试气产量$1.08\times10^4m^3/d$。随着威201井获得工业气流，关于南方下古生界五峰—龙马溪组的页岩气地质综合评价和开发先导试验陆续铺开，明确了南方古生界海相富有机质页岩为中国陆上页岩气勘探开发最有利领域。2010年7月14日，国家能源局批准成立国家能源页岩气研发(实验)中心。

2011年，国土资源部正式将页岩气列为中国第172种矿产，按独立矿种进行管理。同年，国家科学技术部在油气重大专项中设立了“页岩气勘探开发关键技术”项目(邹才能等，2011)。2011年4月，中国第一口页岩气水平井——威201-H1井成功压裂，钻探层位为龙马溪组下部，压裂段数11段，获得测试产量$1.3\times10^4m^3/d$。2011年11月，西南油气田在长宁地区钻获第一口具有商业价值页岩气井——宁201-H1井，水平段长1045m，压裂10段，该井测试获得日产气$15\times10^4m^3$(邹才能等，2016)，实现了中国页岩气商业性开发的突破，截至2020年2月底，该井产量已突破$7800\times10^4m^3$。

2012年3月16日，国家发展和改革委员会、国土资源部、财政部和国家能源局联合发布了中国第一个页岩气发展规划——《页岩气发展规划(2011—2015年)》，提出优选30~50个页岩气远景区和50~80个有利目标区，并提出了从页岩气调查评价到勘探开发以及技术经济评价、技术规范编制等八个方面的攻关任务（张大伟，2012）。2012 年 3 月 21 日，国家发展和改革委员会和能源局批准设立四川长宁—威远国家级页岩气示范区（面积 $6534km^2$）和滇黔北昭通国家级页岩气示范区（面积 $15078km^2$）。

2012 年 7 月，在长宁 H2 平台和 H3 平台进行了页岩气“工厂化”生产试验，在 N201 井场建立长宁 H3 平台，上半支三口井，下半支三口井，探索不同水平段长度和水平井钻进方向对气井生产的影响，在西侧建立长宁 H2 平台，上半支四口井，下半支四口井，探索不同井距对生产的影响。2013 年 7 月至 12 月，在昭通示范区黄金坝地区完钻评价井 YS108 井和水平井 YS108H1-1 井，分别获得测试产量 $1.63\times10^4m^3/d$ 和 $20.86\times10^4m^3/d$，其中，水平井采用了旋转地质导向技术，目的层钻遇率 100%。

三、规模化建产阶段

2014 年初，中国石油召开页岩气业务发展专题会议，成立了现场协调指挥小组，同时，批复了第一批川南页岩气开发方案，规划 2015 年建成产能 $25\times10^8m^3/a$，其中长宁 $10\times10^8m^3/a$，威远 $10\times10^8m^3/a$，昭通黄金坝 $5\times10^8m^3/a$，2014 年投产气井 14 口，产量达到 $1.6\times10^8m^3/a$。2015 年 8 月，长宁区块建成第一个超百万立方米页岩气平台——长宁 H6 平台，截至 2019 年底，该平台六口井累计产量达到 $4.3\times10^8m^3$。2015 年 9 月，长宁区块、威远区块和昭通区块共提交探明地质储量 $1635\times10^8m^3$，技术可采储量 $408.83\times10^8m^3$。

2016 年 1 月，中国石油通过了页岩气产能扩建方案，长宁区块以宁 201 井区、宁 209 井区和宁 216 井区作为主建产区，周边宁 211 井区和宁 212 井区作为接替稳产区，威远区块以威 202 井区和威 204 井区为基础，产能扩建至每年 $15\times10^8m^3$，昭通区块通过了 $20\times10^8m^3/a$ 页岩气开发概念设计方案，并部署黄金坝 YS108 井区 $5\times10^8m^3/a$ 和紫金坝 YS112 井区 $4\times10^8m^3/a$ 的页岩气开发方案。2016 年 9 月，国家能源局发布了页岩气发展规划（2016—2020 年），提出完善成熟 3500m 以浅海相页岩气勘探开发技术，突破 3500m 以深海相页岩气、陆相和海陆过渡相页岩气勘探开发技术，力争 2020 年实现页岩气产量 $300\times10^8m^3$。2016 年底，中国石油川南地区水平井数达到 276 口，全年页岩气产量达到 $28.1\times10^8m^3$。

2017 年 5 月，随着川南地区页岩气资源量和储量的逐步落实，且 3500m 以浅的页岩气开发技术逐渐成熟，长宁页岩气田和威远页岩气田分别完成了 $50\times10^8m^3/a$ 开发方案的编制，长宁优选宁 201 井区、宁 209 井区和宁 216 井区作为建产区，总面积 $540km^2$，动用储量 $2758\times10^8m^3$，威远优选威 202 井区、威 204 井区以及自 201 井区作为建产区，总面积 $595km^2$，动用储量 $2334\times10^8m^3$。

2017 年 7 月，长宁页岩气田长宁 H10-3 井累计产量超过 $1\times10^8m^3$，成为中国石油首

口产量超过 $1\times10^8m^3$ 的页岩气井。

2017 年 8 月，国内最深页岩气井——泸 202 井完钻，该井设计井深 6080m，实际完钻井深 6095m，垂直井深 4324m，最大井斜 98.05°，水平段长 1500m，采用近钻头伽马成像技术，对地层倾角和井眼轨迹进行实时控制，标志着在川南地区开始探索 3500~4500m 深层页岩气的规模开发。

2017 年，长宁、威远和昭通三个区块页岩气年产量超过 $30\times10^8m^3$。

2018 年初，昭通示范区太阳区块浅层气井——阳 102H1-1 井获得 $6.25\times10^4m^3/d$ 的测试产量；2018 年底，浙江油田完成太阳—大寨区块龙马溪组 $8\times10^8m^3/a$ 的浅层页岩气开发方案，开始尝试动用 2000m 以浅的页岩气资源量。

2018 年 7 月，黄 202 井测试获气 $22.37\times10^4m^3$，该井借鉴北美深层页岩气井体积压裂理念，采用了密切割、高强度、大排量等先进的压裂技术，压裂段数、施工排量、施工压力、液量、加砂量、加砂强度六项体积改造指标均创中国石油深层页岩气压裂纪录。

2018 年底，中国石油川南页岩气田日产气量突破 $2000\times10^4m^3$ 大关，全年页岩气产量达到 $42.7\times10^8m^3$。

2019 年 3 月，泸 203 井完成放喷测试，测试产量达到 $137.9\times10^4m^3$，创下了国内页岩气单井测试产量新高。同时，渝西地区足 203 井也获得了 $21.3\times10^4m^3/d$ 的测试产量。

2019 年 5 月，长宁页岩气田日产气量达到 $1006\times10^4m^3$。

2019 年 9 月，中国石油在长宁、威远和太阳区块新增 $7409.71\times10^8m^3$ 探明地质储量，累计探明地质储量达到 $10610.30\times10^8m^3$，形成了川南万亿立方米页岩气大气区。

第二章　川南海相页岩地质概况

本章从区域地质概况、研究区勘探开发现状、川南海相页岩沉积特征、川南海相页岩地层划分四个方面介绍川南奥陶系五峰组—志留系龙马溪组海相页岩地质特征。

第一节　区域地质概况

一、四川盆地构造背景

四川盆地位于扬子地台西北缘，地理上是指大凉山—峨眉山—龙门山以东的整个四川省东部地区，是一个由上扬子地台内部深大断裂活动形成的菱形构造单元。全盆地面积约 $19\times10^4km^2$，东西长约 400km，南北长约 300km，在构造上属于一级构造单元。整个盆地的周缘由大断裂控制，其中，北面以秦岭—米仓山—大巴山冲断带为界，与华北板块相接；南部以峨眉山—凉山冲断带为界，与江南古隆起区为邻；西部以龙门山冲断带为界，紧邻青藏高原地块；东部为大娄山冲断带。盆地内部可以分为三个构造分区，分别为川西坳陷低陡构造区、川中平缓构造区、川东南斜坡高陡构造区，中间由龙泉山背斜和华蓥山背斜分割。进一步可分为川西低坡构造区、川北低平构造区、川东高坡构造区、川中低平构造区、川西南低缓相构造区及川南低缓构造区六个二级构造区（图 2-1）（邓康龄等，1992；郭正吾等，1996）。

四川盆地长期位于劳亚大陆与冈瓦纳大陆之间的过渡带中，构造活动较为频繁，经历的构造活动比较完整，从吕梁运动、晋宁运动到桐湾运动、喜马拉雅运动，这些构造运动导致了四川盆地沉积的复杂变形以及剥蚀。显生宙以来，四川盆地经历了多阶段的盆地演化，是一个典型的叠合盆地，现今面貌是在印支运动奠定的构造格架基础上，经燕山期继承发展和喜马拉雅期强烈改造而成的。在长期地质发展中，四川盆地处于周边活动、本身相对稳定的状态。印支期以来，盆地边缘多个构造带的多期活动造就了盆地内部尽管平缓但复杂的复合—联合构造格局。

四川盆地现今构造格局是多期构造运动叠加改造的结果，整体可以划分为六个构造旋回：扬子旋回、加里东旋回、海西旋回、印支旋回、燕山旋回和喜马拉雅旋回。

(1)晋宁运动发生于震旦纪之前，构造运动强烈，使前震旦纪沉积褶皱回返，地层发生变质作用，固结形成统一的盆地基底。

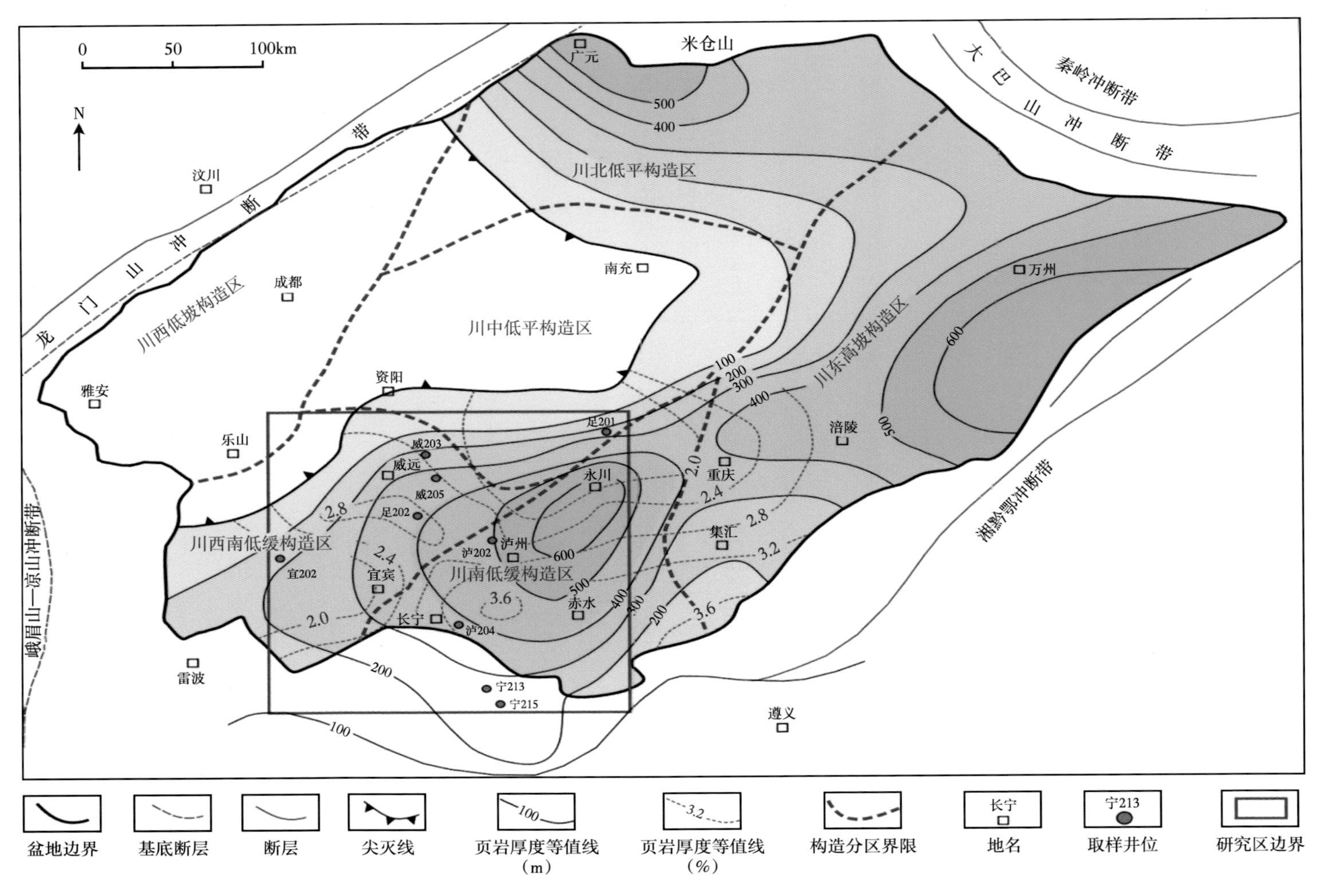

图 2-1　四川盆地构造单元划分及龙马溪组页岩地层分布

(2)加里东运动主要发生于震旦纪末期，盆地大幅度抬升，使得灯影组上部受到剥蚀，与寒武系表现为假整合接触；晚加里东运动主要发生于志留纪末期，早古生代地层褶皱变形，断块活动逐渐增强，深断裂控制下形成了大隆大坳的构造格局。

(3)海西运动主要发生于泥盆纪末期至晚二叠世，盆地整体遭受持续抬升和强烈剥蚀，普遍缺失泥盆纪及石炭纪地层，东吴运动使盆地在二叠纪再次开始接受沉积，上二叠统与下二叠统之间形成区域性假整合。

(4)印支运动主要发生于三叠纪，盆地以抬升为主，大规模海侵结束，盆地内沉积以海退为主，地层由海相沉积转变为海陆过渡相沉积。盆地内出现以北东向为主的大隆大坳构造格局。晚印支活动盆地仍以抬升为主，上三叠统遭受剥蚀，断裂和褶皱活动强烈。

(5)侏罗纪至白垩纪的燕山运动，盆地内主要发育陆相地层。盆地再次抬升，盆地边缘发生强烈褶皱，东部地层全部褶皱成山，使得齐岳山成为盆地东南侧边界，湖盆面积明显缩小。盆地内褶皱作用较弱，表现为抬升过程，侏罗系上部地层遭受剥蚀，局部地区与白垩纪地层形成假整合。

(6)新生代发生喜马拉雅运动，该时期是四川盆地构造成型的重要时期。地层发生强烈褶皱变形，不同区域、不同时期的断裂和褶皱连成一体，形成了现今的构造面貌。

川南地区构造沉积演化过程类似于四川盆地整体的构造沉积演化过程，可以划分为五个主要的阶段：(1)早古生代海相沉积，厚度为2500~3500m；(2)泥盆纪至石炭纪地层大幅度抬升剥蚀，剥蚀厚度为500~1000m；(3)二叠纪至中三叠世海陆过渡相沉积，厚度为2000~3000m；(4)晚三叠世—早白垩世陆相沉积，厚度为3000~4000m；(5)晚白垩世至新生代构造大幅度抬升剥蚀，剥蚀厚度为3000~6000m。在局部构造高部位，下古生界及上覆地层被剥蚀殆尽，出露寒武系和志留系。

二、区域地层发育特征

川南地区奥陶系以上地层在构造核部缺失，核部出露寒武系，向南、北两侧地层逐渐变新，依次出露奥陶系、志留系、二叠系、三叠系和侏罗系，缺失石炭系和泥盆系(表2-1)。

寒武系主要包括下统牛蹄塘组、明心寺组、金顶山组和清虚洞组，中统高台组，上统娄山关组，各组厚度跨度较大，总厚度为1300~1520m，地层表现为由西北向东南逐渐增厚的特征。其中下寒武统牛蹄塘组发育一套灰黑色碳质页岩、粉砂质页岩和泥质页岩，厚度多大于200m。

奥陶系与下伏娄山关组呈整合接触，主要包括下统桐梓组、红花园组、湄潭组，中统牯牛潭组、十字铺组、宝塔组，上统涧草沟组、五峰组、观音桥段。其中宝塔组为一套浅灰色含生物碎屑的瘤状灰岩、泥晶灰岩，厚度为20~60m；五峰组为一套黑色含碳质页岩，厚度

表 2-1 川南地区钻遇地层简表

界	系	统	组	代号	主要岩性	厚度（m）	构造旋回
中生界	侏罗系	中统	沙溪庙组	J_2s	紫红色、灰绿色、深灰色泥岩，灰绿色粉砂岩，黑色页岩及薄层石灰岩	0~425.6	燕山旋回
		下统	凉高山组	J_1l			
			自流井组	$J_1dn—J_1m$			
				J_1d			
				J_1z			
	三叠系	上统	须家河组	T_3x	细—中粒石英砂岩及黑灰色页岩不等厚互层夹薄煤层	0~434.5	印支旋回
		中统	雷口坡组	T_2l	深灰色、褐灰色泥—粉晶白云岩及灰质云岩，灰色、深灰色、浅灰色粉晶灰岩，云质泥岩，夹薄层灰白色石膏	0~106.5	
		下统	嘉陵江组	T_1j	泥—粉晶云岩及泥—粉晶灰岩、石膏层，夹紫红色泥岩、灰绿色灰质泥岩	0~541	
			飞仙关组	T_1f	紫红色泥岩，灰紫色灰质粉砂岩、泥质粉砂岩及薄层浅褐灰色粉晶灰岩，底部泥质灰岩夹页岩及泥岩	0~487	
上古生界	二叠系	上统	长兴组	P_2ch	灰色含泥质灰岩及浅灰色石灰岩，中—下部为黑灰色、深褐灰色石灰岩、泥质灰岩夹页岩	0~60.5	海西旋回
			龙潭组	P_2l	上部为灰黑色页岩、黑色碳质页岩夹深灰褐色凝灰质砂岩及煤；中部为深灰色、灰色泥岩夹深灰褐色、灰褐色凝灰质砂岩；下部为灰黑色页岩、碳质页岩夹黑色煤及灰褐色凝灰质砂岩；底为灰色泥岩（含黄铁矿）	0~142	
		下统	茅口组	P_1m	为浅海碳酸盐沉积，褐灰色、深灰色、灰色生物灰岩	0~306	
			栖霞组	P_1q	浅灰色及深褐灰色石灰岩、深灰色石灰岩含燧石	0~133	
			梁山组	P_1l	灰黑色页岩	0~21	
下古生界	志留系	中统	韩家店组	S_2h	灰色、绿灰色泥岩、灰质泥岩夹泥质粉砂岩及褐灰色石灰岩	0~619	加里东旋回
		下统	石牛栏组	S_1s	顶部为灰色灰质粉砂岩；上部为深灰色灰质页岩、页岩及灰色灰质泥岩夹灰色灰岩、泥质灰岩；中部为灰色石灰岩；下部为灰色泥质灰岩	0~375	
			龙马溪组	S_1l	上部为灰色、深灰色页岩，下部灰黑色、深灰色页岩互层，底部见深灰褐色生物灰岩	0~373	
	奥陶系	上统	五峰组	O_3w	泥岩、白云质页岩、泥灰岩	0~4.53	
		中统	临湘—宝塔组	O_2b	上部为深灰色石灰岩、生物灰岩	0~35.92	

较薄，多小于 10m，夹多层斑脱岩，可见不同程度的滑脱层，有机碳含量高，笔石较发育，以直笔石为主；五峰组顶部观音桥段，以含介壳类生物化石为典型特征，厚度较小。

志留系与下伏五峰组多为整合接触，主要包括下统龙马溪组、石牛栏组、韩家店组，中统回兴哨组，缺乏中统上部以及上统，志留系顶部与上覆层系呈假整合接触。其中，龙马溪组以黑色、黑灰色笔石页岩、泥岩及粉砂质泥岩为主，笔石以直笔石、耙笔石、曲贝冠笔石为主，厚度为 100~400m，见水平层理，黄铁矿较为发育，多呈颗粒状、结核状、分散状等，夹少量泥质粉砂岩薄层或条带，向上粉砂质和钙质增加，见水平纹层及低角度交错层理，属于广海陆棚相沉积，是重要的烃源岩层系（图 2-2）。

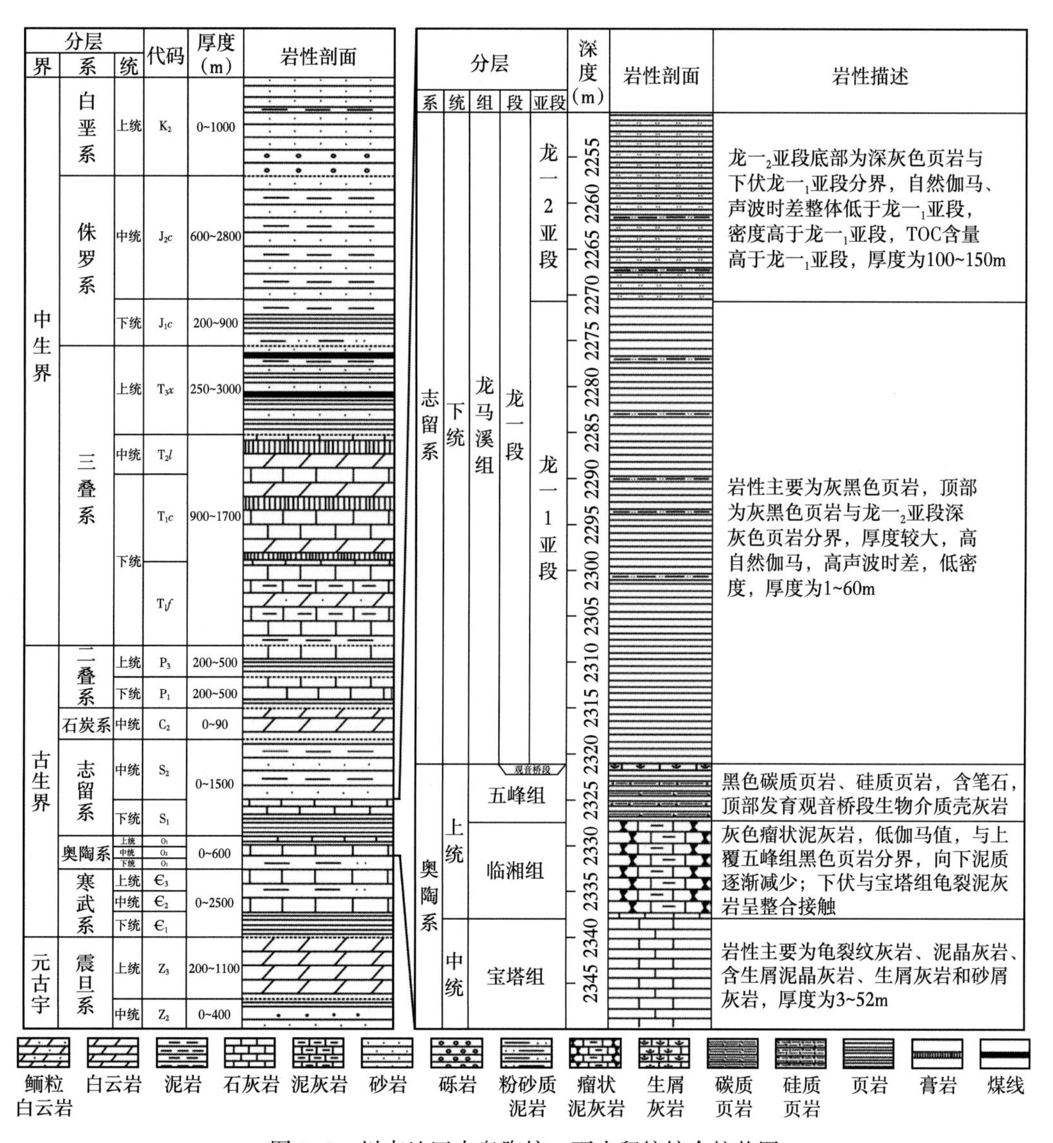

图 2-2 川南地区中奥陶统—下志留统综合柱状图

第二节 研究区勘探开发现状

一、长宁示范区

长宁区块隶属于西南油气田，地理位置位于四川盆地西南部宜宾市境内，属于水富—叙永矿权区，总面积约 4230km^2。地表属典型山地地形，地面海拔 400～1300m，最大相对高差约 900m，地貌以中—低山地和丘陵为主，区域构造位于川南古坳中隆低陡构造带、娄山褶皱带，主要发育有长宁背斜构造，目的层为上奥陶统五峰组—下志留统龙马溪组下部富有机质页岩层段，属于浅海相深水陆棚亚相沉积背景，埋深主要在 3500m 以浅，储层厚度整体分布稳定，局部受古地貌和后期构造抬升剥蚀作用，厚度有所变化，区块内断裂和天然裂缝局部发育（图 2-3）。平面上，三维覆盖区自西向东为宁 216 井区、宁 201 井区和宁 209 井区。

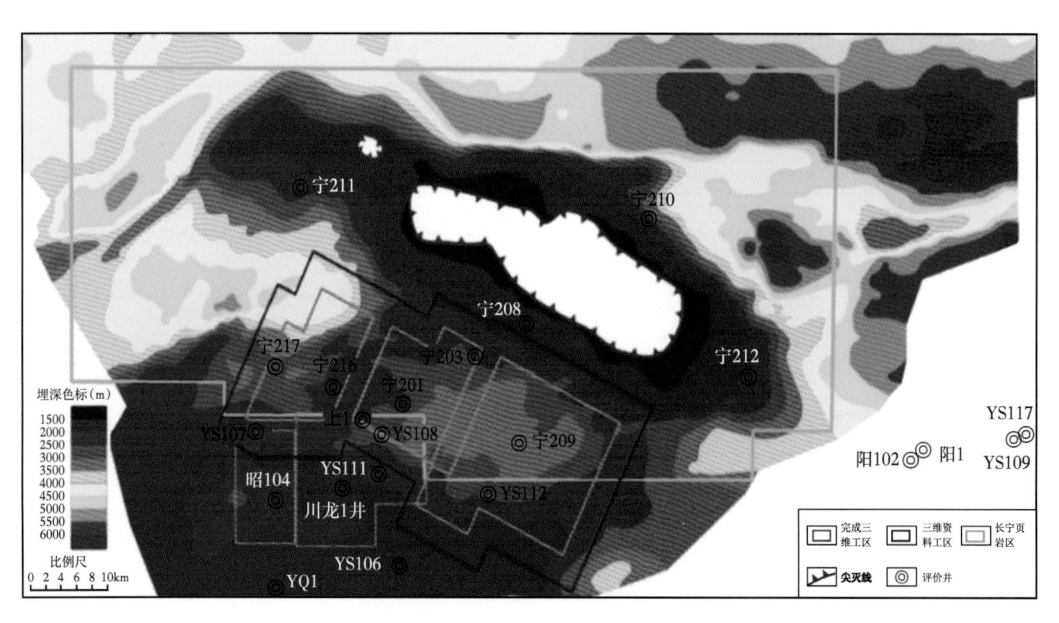

图 2-3 长宁地区龙马溪组底部埋深图

长宁页岩气田历经十余年的勘探开发，可分为四个主要阶段：2006—2009 年是评层选区阶段；2009—2014 年是先导试验阶段；2014—2016 年是示范区建设阶段；2017 年进入工业化开采阶段。截至 2020 年底，累计提交探明地质储量 4446.84×10^{8}m^3，已开钻平台 113 个，开钻井 491 口，完钻井 455 口，完成压裂井 365 口，完成测试水平井 331 口，累计获测试产量 7761.65×10^{4}m^3/d，平均测试产量 23.45×10^{4}m^3/d，最高测试产量 73.58×10^{4}m^3/d。已投产页岩气水平井 365 口，产气 1949. 88×$10^4$$m^3$/d。2020 年产气 56. 13×$10^8$$m^3$，历年累计产气 139. 60×$10^8$$m^3$。

长宁页岩气田处于盆山结合部，晚二叠—晚三叠世生油，侏罗—白垩纪大规模生气，燕山—喜马拉雅期长宁构造抬升、剥蚀和不同期次、规模的断裂活动影响了页岩气的保存。页岩气在背斜、斜坡和浅洼相对富集，建武向斜为长宁背斜背景下的浅洼，地层平缓，页岩气相对富集；西部双龙—罗场向斜为深洼区，古埋深和现今埋深均较大，过高的热成熟度不利于页岩气富集。

长宁页岩气田晚奥陶世五峰组—早志留世龙马溪组沉积期属陆棚相。页岩气层 TOC 平均为 2. 32%，总体反映区内主要为中—高有机碳含量，有机质类型为Ⅰ型干酪根，有机质演化程度高，镜质组反射率平均为 2. 6%，有机质成熟度均达到过成熟阶段，以产干气为主。岩石类型主要为黑色碳质页岩、黑色页岩、硅质页岩、黑色泥岩、黑色粉砂质泥岩和灰黑色粉砂质泥岩，页理发育，富含生物化石，包括笔石类、腹足类、腕足类、三叶虫类、硅质放射虫类、海绵骨针类等。纵向上具有脆性矿物含量高、黏土含量低等特点，脆性矿物含量平均为 67. 3%，以硅质矿物为主，平均为 52. 0%，黏土含量平均为 30. 5%。储集空间类型与涪陵页岩气田类似，包括孔隙和裂缝两大类，其中孔隙以有机孔为主，孔径主要为 10~300nm 的中孔隙；裂缝以页理缝为主。孔隙度平均为 4. 58%，基质渗透率平均为 1. 02mD，总体表现为低孔隙度、超低渗透率特征。岩石力学特征总体显示较高的杨氏模量和较低的泊松比特征，其中杨氏模量平均为 3. 99×10^4MPa，泊松比平均为 0. 25，三轴抗压强度平均为 355. 92MPa，页岩具有较好的脆性。最小水平主应力为 74~77MPa，最大水平主应力为 87~92MPa，最大最小主应力差为 10~18MPa，垂向主应力为 81~82MPa，地应力方向为近东西向。现场解吸法总含气量平均为 3. 2m^3/t，含气饱和度平均为 62. 2%。天然气组分与涪陵页岩气田类似，以甲烷为主，重烃含量低，含少量二氧化碳、氮气和氦气，不含硫化氢，其中甲烷含量平均为 98. 89%，氮气含量平均为 0. 27%，二氧化碳含量平均为 0. 40%，氦气含量平均为 0. 03%。气藏中部地层压力为 51. 52MPa，中部地层压力系数为 1. 80，除距离长宁背斜最近的宁 208 井压力系数小于 1 以外，其他井均表现为地层异常高压特征；中部地层温度为 102. 27℃，地温梯度为 2. 8℃/100m（按地表温度 20℃），表现为正常地温梯度。长宁页岩气田属中深层、低孔隙度、特低渗透率、高有机质丰度、高成熟度、高脆性、高含气性、高压力系数的大型自生自储式连续性页岩气藏。

二、昭通示范区

昭通区块隶属于浙江油田，位于四川省宜宾市筠连县和珙县、泸州市叙永县与古蔺

县以及云南省昭通市威信县境内，北部与长宁示范区接壤，区块总体面积 1278km^2，境内山峦叠嶂、沟壑纵横，海拔相差悬殊，以山地低山为主，间有丘陵槽坝。区域构造位于四川台坳川南低陡褶皱带与滇黔北坳陷北部相接部位，目的层主要为上奥陶统五峰组—下志留统龙马溪组下部富有机质页岩层段，属于浅海相深水陆棚亚相沉积背景，埋深主要在 2000~4000m，有效储层厚度由西向东、由北向南有逐渐变薄的趋势，分布范围 25~40m，区块内断裂和天然裂缝相对发育。平面上，三维覆盖区自西向东为黄金坝 YS108 井区、紫金坝 YS112 井区、紫金坝 YS115 井区和大寨 YS117 井区（图 2-4）。

昭通页岩气田的页岩气勘探开发大体可分为三个阶段：2009—2010 年是页岩气勘探评价阶段；2011—2013 年是“甜点”区评价优选阶段；2013 年至今是页岩气产能建设阶段。截至 2020 年底，昭通页岩气田累计提交探明储量 186.6×10^{8}m^3。已开钻平台 52 个，开钻井 202 日，完钻井 187 口，完成压裂井 171 口，完成测试水平井 92 口，累计获测试产量 1844.51×10^{8}m^3/d，平均测试产量 20.05×10^{8}m^3/d，最高测试产量 63.14×10^{8}m^3/d。已投产页岩气水平井 171 口，产气 449.33×10^{8}m^3/d。2020 年产气 14.23×10^{8}m^3，历年累计产气 49.16×10^{8}m^3。

昭通页岩气田晚二叠—中三叠世生油，晚二叠—早白垩世大规模生气，在页岩埋藏与改造期仍经历过热解与裂解生气高峰，且已生成的天然气绝大多数滞留在页岩烃源岩内，古埋深浅、热演化程度相对低，背斜、斜坡和断块均可富气。太阳背斜为典型压扭性改造圈闭富集成藏模式，在震旦纪就形成水下古隆起雏形，加里东—印支期古背斜构造与今构造圈闭形成继承性叠合封闭的富集指向区。

昭通页岩气田晚奥陶世五峰组—早志留世龙马溪组沉积期属陆棚相。页岩气层段 TOC 平均为 3.4%，有机质类型为Ⅰ—Ⅱ型干酪根，镜质组反射率平均为 2.2%，有机质成熟度均达到高成熟—过成熟阶段，以产干气为主。岩石类型主要为碳质泥页岩及含粉砂泥页岩，页理发育，富含生物化石，包括笔石类、硅质放射虫类、海绵骨针类等。纵向上具有脆性矿物含量高、黏土含量低等特点，脆性矿物含量平均值为 73.4%，以石英为主，平均为 34.6%。储集空间类型与长宁、威远页岩气田类似，包括孔隙和裂缝两大类，其中孔隙以有机质孔隙为主，裂缝以页理缝为主。孔隙度平均为 3.5%，属于低孔隙度，低于涪陵、长宁和威远页岩气田。岩石力学总体显示较高的杨氏模量和较低的泊松比特征，其中弹性模量平均为 33.6GPa，杨氏模量平均为 1.84GPa，三轴抗压强度平均为 249.42MPa，页岩具有较高的脆性。西部黄金坝—紫金坝气田向东部太阳—大寨地区，最大主应力方向由北西西—南东东向逐渐向北东东—南西西向发生偏转。现场解吸法测得总含气量平均为 3.9m^3/t，含气饱和度平均值为 65.12%。天然气组分与四川盆地海相页岩气田类似，以甲烷为主，重烃含量低，含少量二氧化碳、氮气和氦气，不含硫化氢，其中甲烷含量平均为 97.62%，

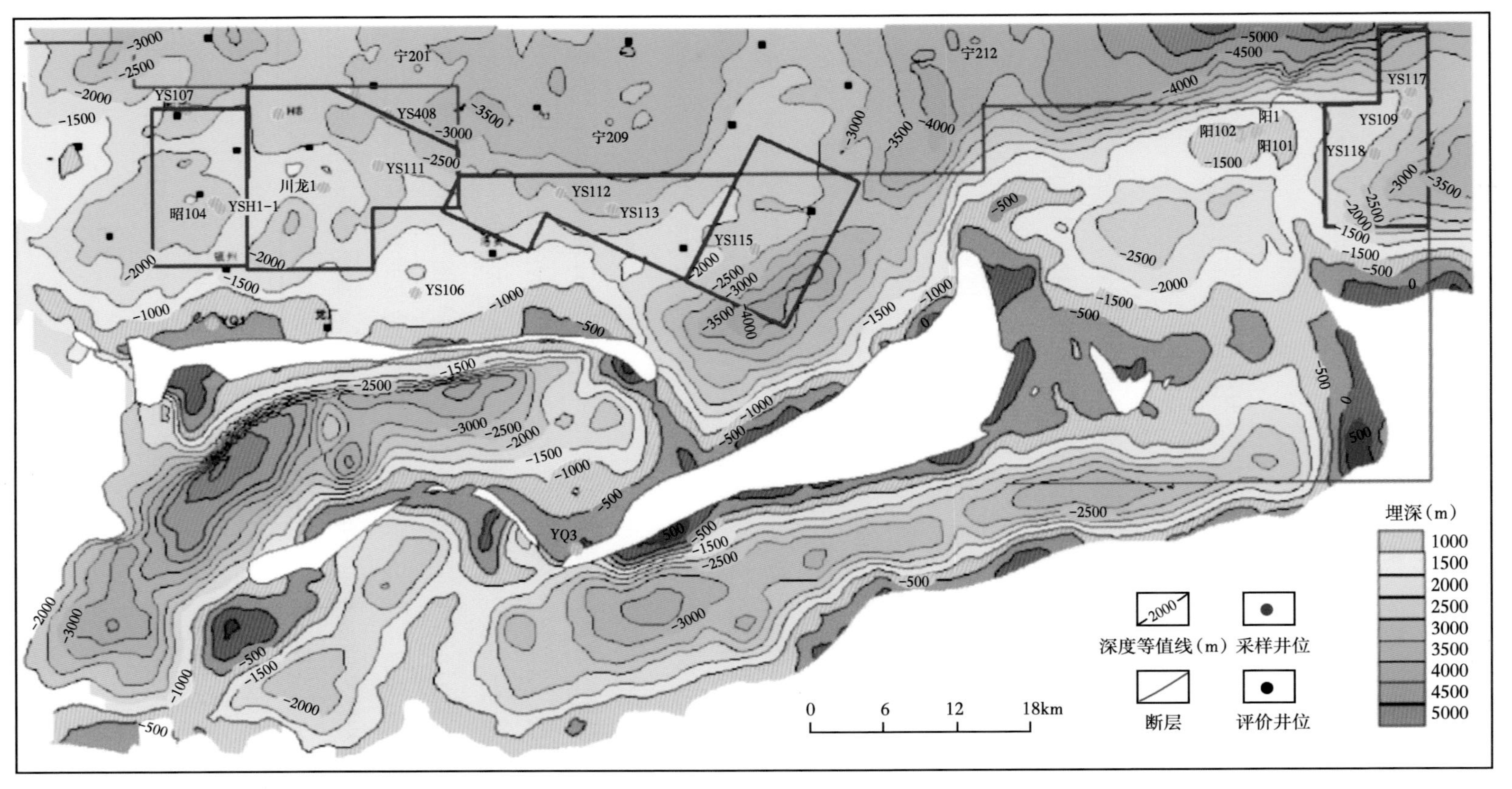

图 2-4　昭通地区龙马溪组底部埋深图

二氧化碳含量平均为0.15%。压力系数在平面上变化较大，黄金坝气田压力系数为1.75~1.98，紫金坝气田压力系数为1.35~1.80，大寨地区压力系数为1.03~1.60。区内地温梯度普遍介于2.5~3.5℃/100m，表现为正常地温梯度。昭通页岩气田属浅—中深层、低孔隙度、高有机质丰度、高成熟度、高脆性的大型自生自储式连续型页岩气藏。

第三节　川南海相页岩沉积特征

奥陶纪末—志留纪初，在全球持续性海平面上升背景下，扬子板块所处区域普遍遭受海侵，上扬子克拉通地台在川中古隆起、黔中古隆起和雪峰古隆起控制下，于四川盆地及周缘形成了川南—黔北、川东—鄂西大面积低能、欠补偿、缺氧的半深水—深水陆棚相，沉积了五峰—龙马溪组大套岩性单一、细粒、厚度大、富有机质、富硅质黑色页岩。

志留系为一套海相沉积，是四川盆地主力生烃层系。受剥蚀作用的影响，志留系普遍缺失上志留统，仅有下志留统发育。自下而上依次发育下志留统龙马溪组、石牛栏组和中志留统韩家店组。龙马溪组为一套海相页岩（图2-5），岩性主要为碳质页岩、硅质页岩、泥质页岩等，富含大量笔石化石；石牛栏组整体属于碳酸盐岩台地相，底部岩性以石灰岩和泥质灰岩为主，钙质成分含量高，含大量腹足类、棘屑等浅水生物，厚度为200~600m。

五峰组沉积时期为晚奥陶世凯迪期（图2-6a），受广西运动的影响，华夏与扬子地块碰撞拼合作用减缓，四川盆地及邻区形成了三隆夹一坳的古地理格局。此时四川盆地由碳酸盐岩台地向陆表海沉积环境转化，沉积了五峰组黑色泥页岩；晚奥陶世晚期的赫南特期，海平面降低，此时沉积了观音桥段的浅水介壳灰岩（图2-6b）；在龙马溪组沉积的早期（鲁丹期—埃隆早期）（图2-6c），受南极冰盖融化造成的海平面快速上升影响，整个川南地区处于大面积缺氧的深水陆棚沉积环境，形成了一套黑色碳质页岩、粉砂质泥页岩。龙马溪组的沉积中—晚期（埃隆中期—特列奇期），扬子板块与周边地块的碰撞拼合作用加剧，沉降中心向川中和川北迁移，海平面大幅度下降（图2-6d）。依据其水动力条件、岩石类型及其组合关系、岩石颜色、沉积构造、沉积环境、古生物组合、指相矿物等特征，可以将五峰组—龙马溪组沉积环境划分为浅水陆棚和深水陆棚两种亚相。目的层段为深水陆棚相。

(a)宁201井，龙马溪组，2515.79~2519.89m，
黑色碳质页岩，水平层理

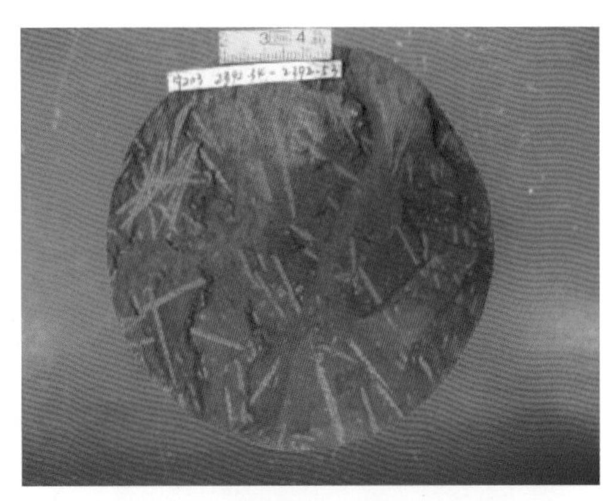

(b)宁203井，龙马溪组，2392.34~2392.53m，
黑色页岩，笔石发育

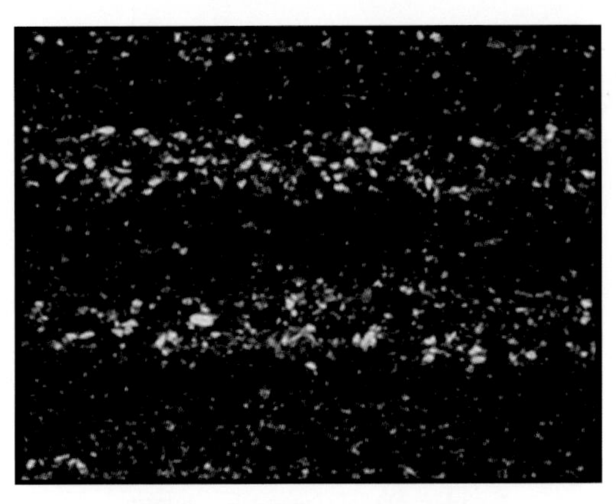

(c)宁203井，龙马溪组，2255.87~2255.90m，
黑色泥岩与泥质粉砂岩互层

(d)宁201井，龙马溪组，2680.10m，
黑色粉砂质泥岩

(e)宁201井，龙马溪组，2483.52~2483.74m，
灰黑色粉砂质泥岩，块状层理

(f)宁203井，龙马溪组，2371.50~2371.53m，
黑色泥岩

图 2-5 长宁示范区页岩岩性特征

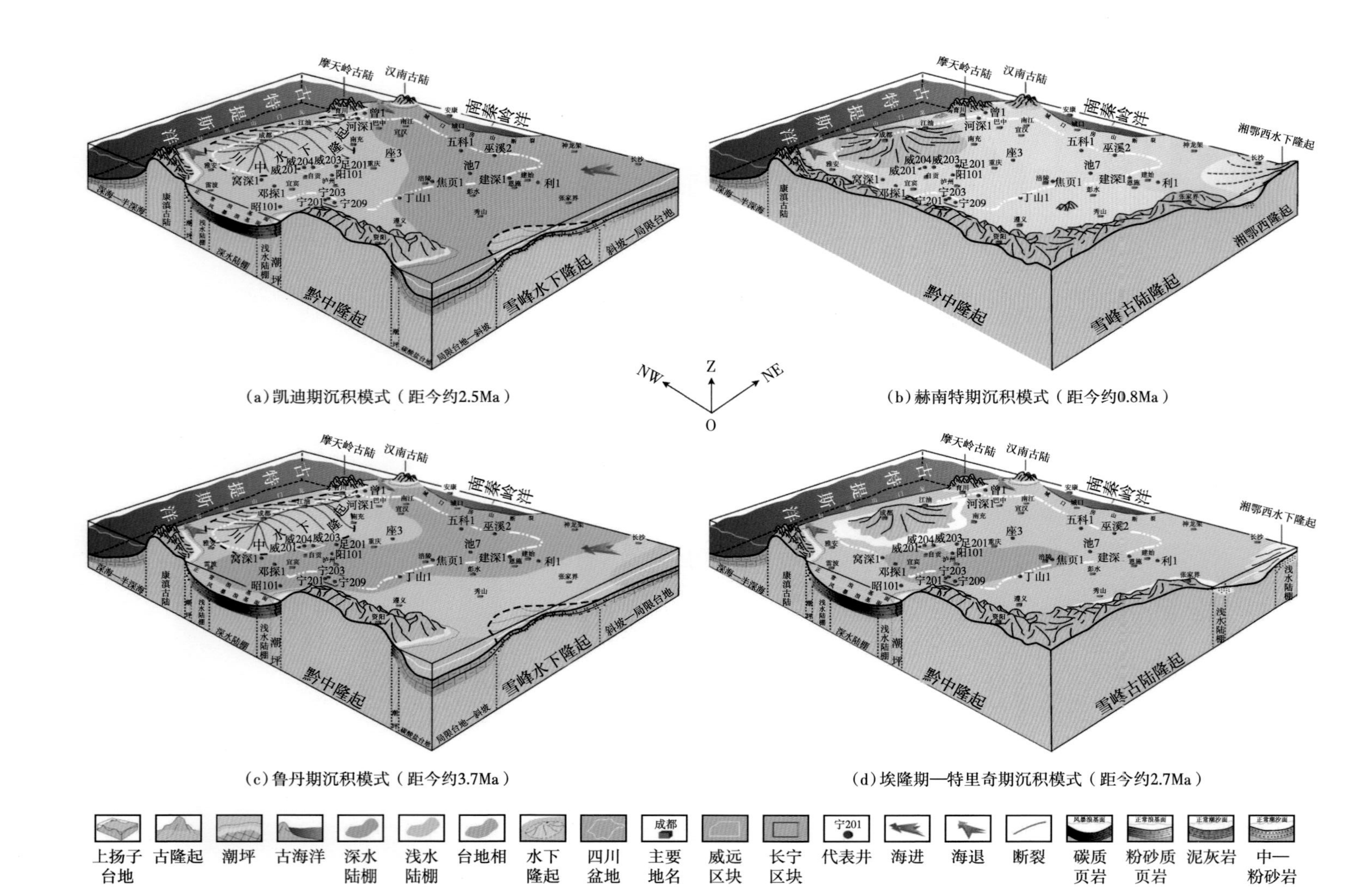

图 2-6　川南地区晚奥陶世五峰期至早志留世龙马溪期沉积演化模式图（据谢军等，2017）

第四节　川南海相页岩地层划分

一、划分依据

下志留统龙马溪组和上奥陶统五峰组主要发育黑色页岩，厚度250～350m。依据区域地层划分标志，结合单井岩性、电性特征，将龙马溪组—五峰组划分为四段：五峰组、龙$一_1$亚段、龙$一_2$亚段以及龙二段(图2-7，表2-2)。

五峰组岩性主要为黑色含硅碳质页岩，顶部见一层5～30cm厚的灰黑色泥灰岩(观音桥段)，以灰色瘤状灰岩的出现作为与下伏宝塔组的分界，与下伏宝塔组石灰岩呈不整合接触；测井特征表现为高自然伽马低电阻率，GR为120～309.8API（平均值为197API)，RD为9.5~44.8Ω·m（平均值为19.9Ω·m)。观音桥段岩性为灰黑色介屑灰岩，具有腹足类、双壳类、介形虫、海百合茎等明显的赫兰特贝动物群特征。

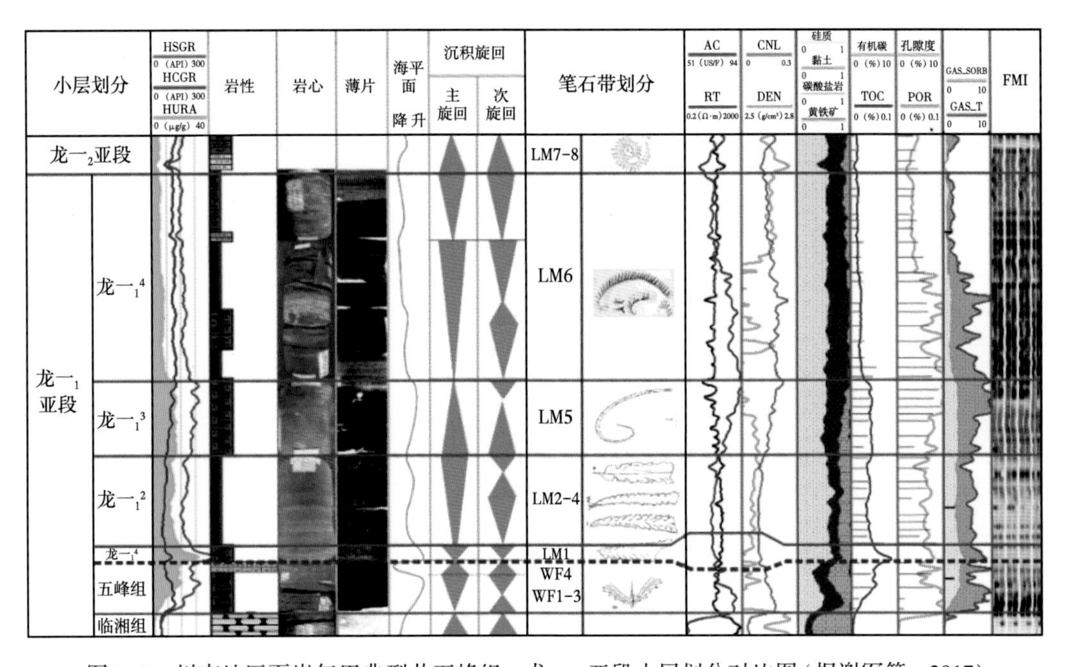

图2-7　川南地区页岩气田典型井五峰组—龙$一_1$亚段小层划分对比图(据谢军等，2017)

龙$一_1$亚段为持续的进积式反旋回，结合岩石学特征、沉积构造特征、古生物特征以及电性特征，将龙$一_1$亚段进一步细化为龙$一_1^1$小层、龙$一_1^2$小层、龙$一_1^3$小层和龙$一_1^4$小层（表2-2)。

表 2-2 研究区五峰—龙马溪组小层划分特征表

<table>
<tr><th colspan="4">地层</th><th rowspan="2">特征</th><th rowspan="2">厚度（m）</th><th rowspan="2">海平面</th><th rowspan="2">笔石相带</th></tr>
<tr><th>组</th><th>段</th><th>亚段</th><th>小层</th></tr>
<tr><td colspan="4">石牛栏组</td><td>碳质泥页岩与龙马溪组顶界灰绿色粉砂质泥岩分界，高 GR、AC、CNL，低 RT、DEN</td><td>2~10</td><td></td><td></td></tr>
<tr><td rowspan="6">龙马溪组</td><td colspan="3">龙二段</td><td>龙二段底部灰黑色页岩与下伏龙一段黑色页岩—灰色粉砂质页岩相间的韵律层分界，长宁旋回界线明显，昭通 DEN 界线明显</td><td>100~250</td><td>二次海侵</td><td rowspan="2">LM7-9</td></tr>
<tr><td rowspan="5">龙一段</td><td colspan="2">龙一$_2$</td><td>岩性以龙一$_2$ 亚段底部深灰色页岩与下伏龙一$_1$ 亚段灰黑色页岩分界，GR、AC 整体低于龙一$_1$ 亚段，DEN 整体高于龙一$_1$ 亚段，TOC 进入龙一$_1$ 亚段整体高于 2%</td><td>100~150</td><td rowspan="2">海退期</td></tr>
<tr><td rowspan="4">龙一$_1$</td><td>4</td><td>厚度大，GR 为相对 3 小层低平的箱型，140~180 API，AC、CNL 低于 3 小层，DEN 高于 3 小层，TOC 低于 3 小层</td><td>6~25</td><td>LM6</td></tr>
<tr><td>3</td><td>标志层，黑色碳质、硅质页岩，GR 陀螺型凸出于 4、2 小层，160~270API，高 AC，低 DEN，TOC 与 GR 形态相似</td><td>3~9</td><td rowspan="3">海进期</td><td>LM5</td></tr>
<tr><td>2</td><td>厚度较大，黑色碳质页岩，GR 相对 3、1 小层低平（类）箱型特征，与 4 小层类似，GR 为 140~180API，TOC 分布稳定，低于 3、1 小层</td><td>4~11</td><td>LM2-4</td></tr>
<tr><td>1</td><td>标志层，黑色碳质、硅质页岩，GR 在底部出现龙马溪组内最高值，在 170~500API 之间，TOC 在 4%~12%之间，GR 最高值下半幅点为 1 小层底界</td><td>1~4</td><td>LM1</td></tr>
<tr><td rowspan="2">五峰组</td><td colspan="3">五二段(观音桥段)</td><td rowspan="2">顶界为观音桥段介壳灰岩，厚度不足 1m，以下五峰组碳质硅质页岩；界线为 GR 指状尖峰下半幅点，高 GR 划入龙马溪组，长宁区块高 GR</td><td rowspan="2">0.5~15.0</td><td rowspan="2">海侵初期</td><td>WF4</td></tr>
<tr><td colspan="3">五一段</td><td>WF1-3</td></tr>
</table>

1. 龙一$_1^1$ 小层

龙一$_1^1$ 小层位于龙马溪组底部，为水体缓慢降低的进积式反循环，水体深度最大，岩性为黑色碳质灰质页岩，含钙质结核，为碳质泥棚沉积，雕笔石、栅笔石发育，笔石个体大、保存完整；泥级颗粒也高于龙一$_1^2$ 小层；与底界观音桥段岩性及生物界线明显，与顶界龙一$_{1}^{2}$ 小层岩性不明显，区域厚度分布较稳定，在 10~13m 之间。伽马曲线在龙一$_{1}^{1}$ 小层底部出现龙一$_{1}$ 亚段最高值，向上钟型降低，范围在 200~500API 之间；龙一$_{1}^{1}$ 小层的电阻率值向上小幅增加，分布在 100Ω · m 左右，平均值为 40Ω · m；声波曲线在龙一$_{1}^{1}$ 小层为指状特征；密度曲线是划分龙一$_{1}^{1}$ 小层的另一个重要依据，是龙一$_{1}$ 亚段内密度值最低的小层，呈反指状特征，在 2.1~2.5g/cm^{3} 之间；

2. 龙一$_{1}^{2}$ 小层

龙一$_{1}^{2}$ 小层作为全区标志层，具有区域对比性好、分布稳定等特征。岩性为黑色碳质页岩，碳质泥棚沉积，长宁页岩气田为水体持续缓慢升高的退积式正旋回；含钙质结核，雕笔石、双笔石丰富，黄铁矿层理分布，笔石种类较多，个体保存完整；龙一$_{1}^{2}$ 小层顶部泥级颗粒进入龙一$_{1}^{3}$ 小层逐渐增多，证明龙一$_{1}^{2}$ 小层为水体缓慢增加的正旋回特征；研究区厚度分布稳定，在 6~8m 之间。伽马曲线在龙一$_{1}^{2}$ 小层与龙一$_{1}^{1}$ 小层界线处发生明显突变，向上漏斗型增大，龙一$_{1}^{2}$ 小层伽马曲线形态类似陀螺型分布，范围在 160~270API 之间，平均为 200API；电阻率值在龙一$_{1}^{2}$ 小层内部小幅振荡降低，平均在 16Ω · m 左右；声波曲线与伽马曲线类似；矿物组分中硅质矿物含量显著降低，普遍为 40%，碳酸盐含量增大，为 15%，黏土变化不大。

3. 龙一$_{1}^{3}$ 小层

龙一$_{1}^{3}$ 小层与龙一$_{1}^{2}$ 小层岩性分界以龙一$_{1}^{2}$ 小层顶部黑色碳质页岩与龙一$_{1}^{3}$ 小层底部灰黑色粉砂质钙质泥页岩分界，龙一$_{1}^{3}$ 小层内部岩性以灰黑色灰质页岩为主，为水体缓慢退去的灰质泥棚沉积，含钙质、黄铁矿结核；笔石种类和数量为四个小层最多，其中曲背冠笔石是龙一$_{1}^{3}$ 小层的一个代表性化石。伽马曲线在龙一$_{1}^{3}$ 小层与龙一$_{1}^{2}$ 小层界线处发生明显突变，向上钟型降低 30~60API，龙一$_{1}^{3}$ 小层内部呈箱型稳定分布，范围在 140~180API 之间，平均为 160API；电阻率曲线在龙一$_{1}^{3}$ 小层与龙一$_{1}^{2}$ 小层界线向上有个小幅度抬升，龙一$_{1}^{3}$ 小层顶部有一段小幅度振荡变化；声波值在龙一$_{1}^{3}$ 小层与龙一$_{1}^{2}$ 小层界线向上明显降低；密度曲线在界线处明显抬升，进入龙一$_{1}^{3}$ 小层后逐渐增大，平均为 2.56g/cm^{3}；矿物组分中碳酸盐含量为四个小层最大，达 10%~20%，黏土含量低，为 30%。

4. 龙一$_{1}^{4}$ 小层

龙一$_{1}^{4}$ 小层与龙一$_{1}^{3}$ 小层岩性分界以龙一$_{1}^{4}$ 小层底部黑灰色粉砂质页岩与龙一$_{1}^{3}$ 小层顶部灰黑色钙质页岩分界，龙一$_{1}^{4}$ 小层内部为水体缓慢退去的反旋回，为灰质—粉砂质泥棚沉积，含少量泥质、黄铁矿结核；笔石种类少，多以个体较小的耙笔石、单笔石发育，含少量个体较大的雕笔石、花瓣笔石、栅笔石等，且体型保存不完整；研究区由西向东厚度逐渐增大，在 5~14m 之间。伽马曲线在龙一$_{1}^{4}$ 小层内为低平型分布，平均范围在 120~

150API 之间；电阻率值在龙一$_1^4$ 小层与龙一$_1^3$ 小层界线向上有个小幅度降低，平均在 25Ω · m 左右；声波时差值在界线向上异常增大；密度值在界线处明显降低，进入龙一$_1^4$ 小层后逐渐增大，平均为 2.56g/cm^3；矿物组分中碳酸盐含量为四个小层最小，仅为 25%，硅质含量及黏土含量高(40%)。

二、划分结果

根据上文地层划分的依据及特征，完成了长宁示范区七口评价井以及昭通示范区两口探井以及七口评价井的小层划分工作。经统计，研究区主力开发层段(五峰组—龙一$_1^4$ 小层)厚度为 30.9～38.36m。其中，五峰组平均厚度为 2.81m，龙一$_1^1$ 小层平均厚度为 1.11m，龙一$_1^2$ 小层平均厚度为 5.93m，龙一$_1^3$ 小层平均厚度为 8.91m，龙一$_1^4$ 小层平均厚度为 15.73m（表 2-3）。

表 2-3　长宁—昭通示范区优质页岩段小层厚度统计表

层号	厚度(m)				
	宁 201	宁 209	黄金坝	紫金坝	大寨
龙一$_1^4$ 小层	16.29	21.24	14.39	15.14	11.60
龙一$_1^3$ 小层	9.21	8.58	8.80	8.68	9.30
龙一$_1^2$ 小层	7.72	6.28	5.26	5.64	4.76
龙一$_1^1$ 小层	1.02	0.96	1.16	1.16	1.24
五峰组	3.35	1.30	2.45	2.94	4.00

从连井剖面上来看，长宁—昭通地区优质页岩段沉积厚度稳定，但是页岩内部地层结构发生了一定的变化(图 2-8)，长宁示范区以及昭通黄金坝井区的地层结构为“三明治”式，龙一$_1^1$ 小层和龙一$_1^3$ 小层 GR 值较大，龙一$_1^2$ 小层和龙一$_1^4$ 小层 GR 值较小；随着地层向东延展，在昭通地区的紫金坝井区、云山坝井区以及大寨井区，龙一$_1^1$ 小层和龙一$_1^2$ 小层，GR 值较大，龙一$_1^3$ 小层和龙一$_1^4$ 小层 GR 值较小。这种地层结构的变化对后期靶体位置的选择有一定的影响。

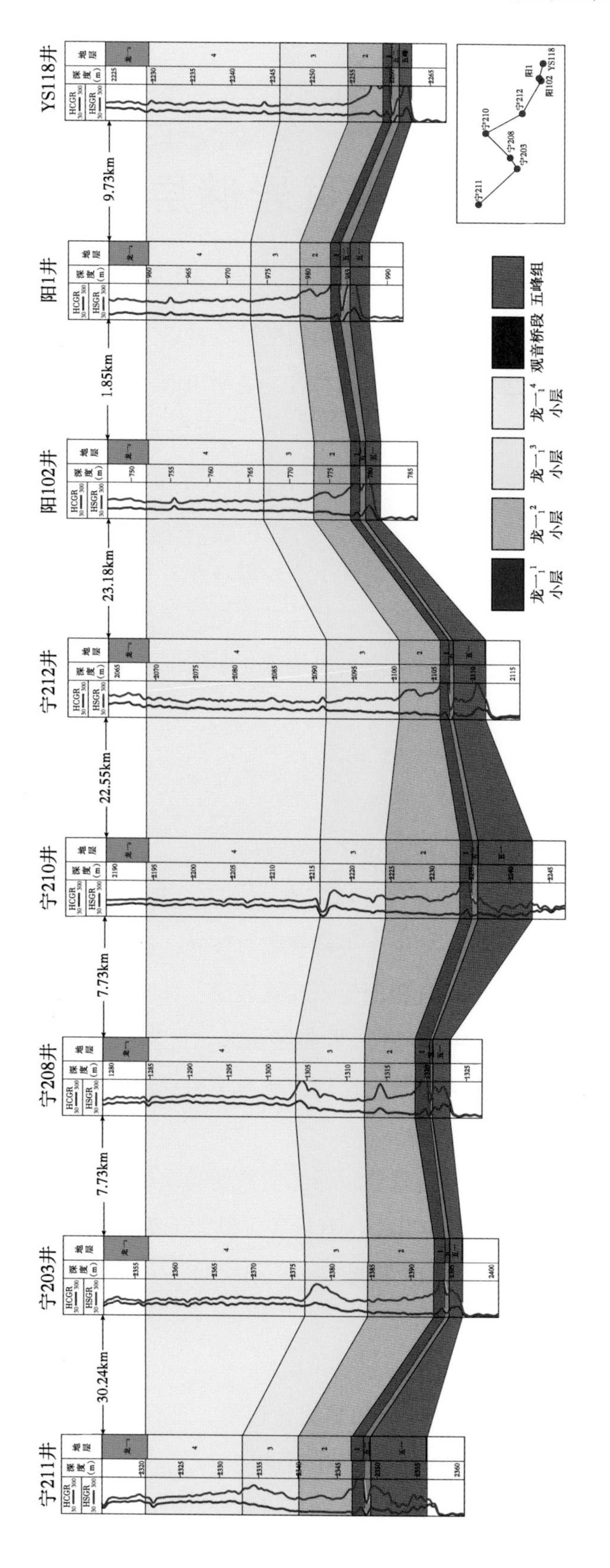

图2-8 长宁—昭通地区五峰组—龙一$_1$亚段地层对比图

第三章　川南海相页岩储层基本特征

与常规砂岩储层不同，页岩储层致密，仅用物性参数难以完整表征页岩储层特征。本章选取了有机地球化学、岩矿组分、物性三类参数，说明川南海相页岩储层基本特征。

第一节　有机地球化学特征

页岩气储集在极低孔渗的黑色页岩中，基本不经过运移。有机质与页岩气的生成和富集有密切的关系，这也是页岩储层评价区别于其他常规储层评价的地方。在众多地球化学参数中，有机碳含量和有机质成熟度是决定页岩地球化学特征的两个主要参数（王世谦等，2013）。

一、有机碳含量

页岩作为烃源岩，其地球化学特征决定了页岩能否生烃以及生烃的多少；作为储层，其地球化学特征又对页岩中气体的赋存以及运移有一定的控制作用。大量研究结果表明，总有机碳含量是评价页岩储集性好坏的一个关键参数。首先，有机碳含量高的页岩有生成大量烃类气体的潜力。国内外各主要气田的生产实践表明，页岩含气量与有机碳含量有较高的相关性特征。其次，页岩气作为典型的非常规油气，页岩基质的孔渗极低，相比而言，有机质的孔渗性能要远高于页岩基质，所以有机质又为页岩气提供了重要的储集和运移通道。

实验结果表明，川南地区奥陶系五峰组以及志留系龙马溪组底部黑色页岩有机碳含量为0.50%~7.08%，平均值为2.70%。其中，有机碳含量大于2%的页岩厚度约为30m，主要集中在五峰组顶部以及龙一$_1$亚段，尤其是龙一$_1^1$小层和龙一$_1^3$小层的有机碳含量最高。

二、有机质成熟度

有机质成熟度是指有机质向油气转化的热演化程度，是评价油气资源前景的关键指标，只有当有机质达到一定的成熟度时，才会生成油气。

岩石热解分析是用来描述烃源岩中有机质的热成熟度以及生烃潜力的规范化方法。本书使用油气评价工作站，在300℃恒温3分钟分析 S_1，在300~600℃温度范围内50℃/min程序升温分析 S_2。通过热解峰值的计算得到样品的地球化学参数（表3-1）。

表3-1　研究区页岩样品高温热解分析结果

样品编号	游离烃 S_1（mg/g）	热解烃 S_2（mg/g）	二氧化碳 S_3（mg/g）	氢指数 HI	氧指数 OI	热解峰温 T_{max}（℃）	等效 R_o（%）
1	0.11	0.16	0.29	6	10	610	3.82
2	0.20	0.66	0.40	10	6	613	3.87
3	0.10	0.15	0.19	5	7	606	3.75
4	0.17	0.28	0.29	6	6	596	3.57
5	0.19	0.27	0.29	7	7	586	3.39
6	0.12	0.13	0.21	3	6	592	3.50
7	0.04	0.06	0.23	1	5	594	3.53
8	0.06	0.05	0.13	2	5	607	3.77
9	0.03	0.07	0.18	2	6	609	3.80
10	0.04	0.11	0.17	9	13	608	3.78
11	0.03	0.08	0.14	9	15	607	3.77
12	0.03	0.05	0.14	6	16	579	3.26
13	0.06	0.11	0.28	3	8	595	3.55
14	0.08	0.06	0.34	4	23	609	3.80
15	0.10	0.14	0.26	3	5	579	3.26
16	0.06	0.06	0.21	2	5	597	3.59
17	0.09	0.10	0.24	3	6	604	3.71
18	0.16	0.20	0.46	4	9	583	3.33

衡量有机质成熟的指标一般为镜质组反射率 R_o，当 R_o 低于0.5%时，有机质处于未成熟阶段，此时主要为生物气；R_o 在0.5%~1.3%之间时，有机质处于成熟阶段，生油；R_o 在1.3%~2.0%之间时，有机质处于高成熟阶段，生湿气；R_o 大于2.0%时，有机质处于过成熟阶段，生干气。美国主要产页岩气盆地的页岩成熟度变化区间较大，既有未成熟—低成熟的New Albany页岩和Ohio页岩（0.4%~1.5%），也有高成熟—过成熟的Barnett页岩和Marcellus页岩（1.1%~4.0%）。

由于研究区页岩样品中缺乏标准镜质组，故无法直接测定镜质组反射率，本书采用

Jarvie 等（2007）提出的转换公式，利用岩石热解实验得到的热解峰值温度 T_{max}，计算得到等效镜质组反射率(表 3-1)，公式如下：

$$R_o = 0.018T_{max} - 7.16 \quad (3-1)$$

实验结果显示(图 3-1)，宁 201 井奥陶系五峰组—志留系龙马溪组下部页岩镜质组反射率值在 3.26%~3.87%之间，平均值为 3.61%，所有样品均处于过成熟生干气阶段。

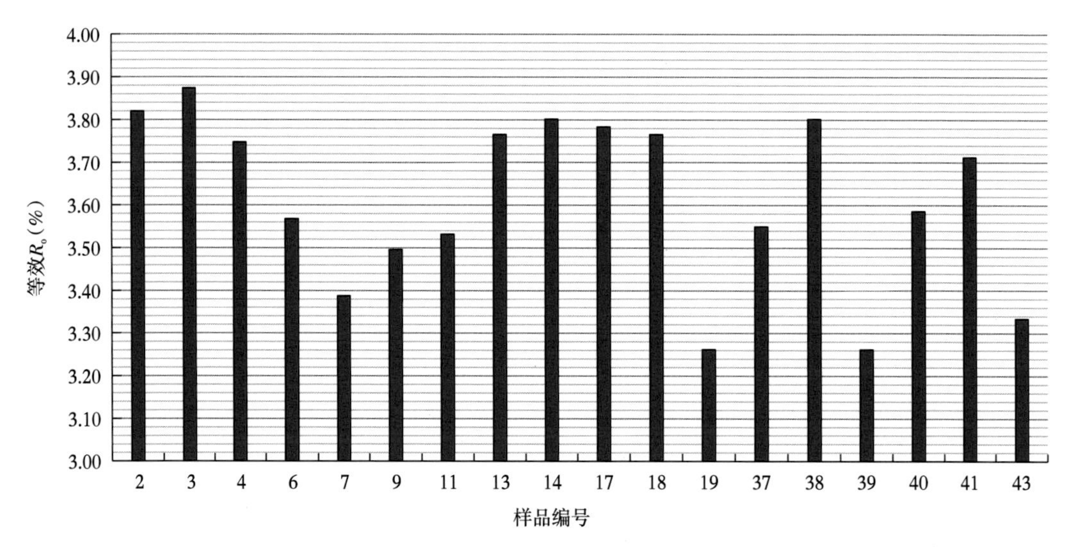

图 3-1　页岩样品成熟度分布图

第二节　岩矿组分特征

一、矿物组分特征

过去人们认为页岩作为一种烃源岩，其成分较为均质。随着页岩气勘探开发的进行，研究人员发现，其实页岩的组分相当复杂，岩矿非均质性较强。作为一种非常规油气资源，页岩需要压裂才能实现页岩气的商业开采，而页岩矿物组分的不同会对压裂效果产生深远的影响。另外，页岩储层的吸附性能除了与有机碳含量有关外，还与页岩中的矿物组分有关，尤其是黏土矿物的存在，其本身就具有一定的吸附能力。因此，有必要对页岩的岩矿组分进行详细的分析和对比。

通过 X 衍射实验可以半定量地评价页岩矿物组分，通过使用 X 射线照射页岩粉样，从而产生衍射图谱，经过计算得到其成分。其实验原理是根据流体力学中的斯托克斯沉降定理，采用水悬浮分离方法或离心分离方法分别提取粒径小于 10μm 和小于 2μm 的黏土矿物样品。粒径小于 10μm 的黏土矿物样品用于测定黏土矿物在原岩中的总相对含量；粒径小于 2μm 的黏土矿物样品用于测定各种黏土矿物各类的相对含量。矿物的晶体都具有特定的 X 射线衍射图谱，图谱中的特征峰强度与样品中该矿物的含量正相关，采用实验的方式可以确定某矿物的含量与其特征衍射峰的强度之间的正相关关系——*K* 值，进而通过测量未知样品中该矿物的特征峰强度而求出该矿物的含量，这就是 X 射线衍射定量分析中的“*K* 值法”。

本书采用日本理学 TTRIII 多功能 X 射线衍射仪，执行标准为 SY/T 5163—2010《沉积岩中黏土矿物和常见非黏土矿物 X 射线衍射分析方法》。

部分页岩样品的非黏土矿物 X 射线衍射图如图 3-2 所示。

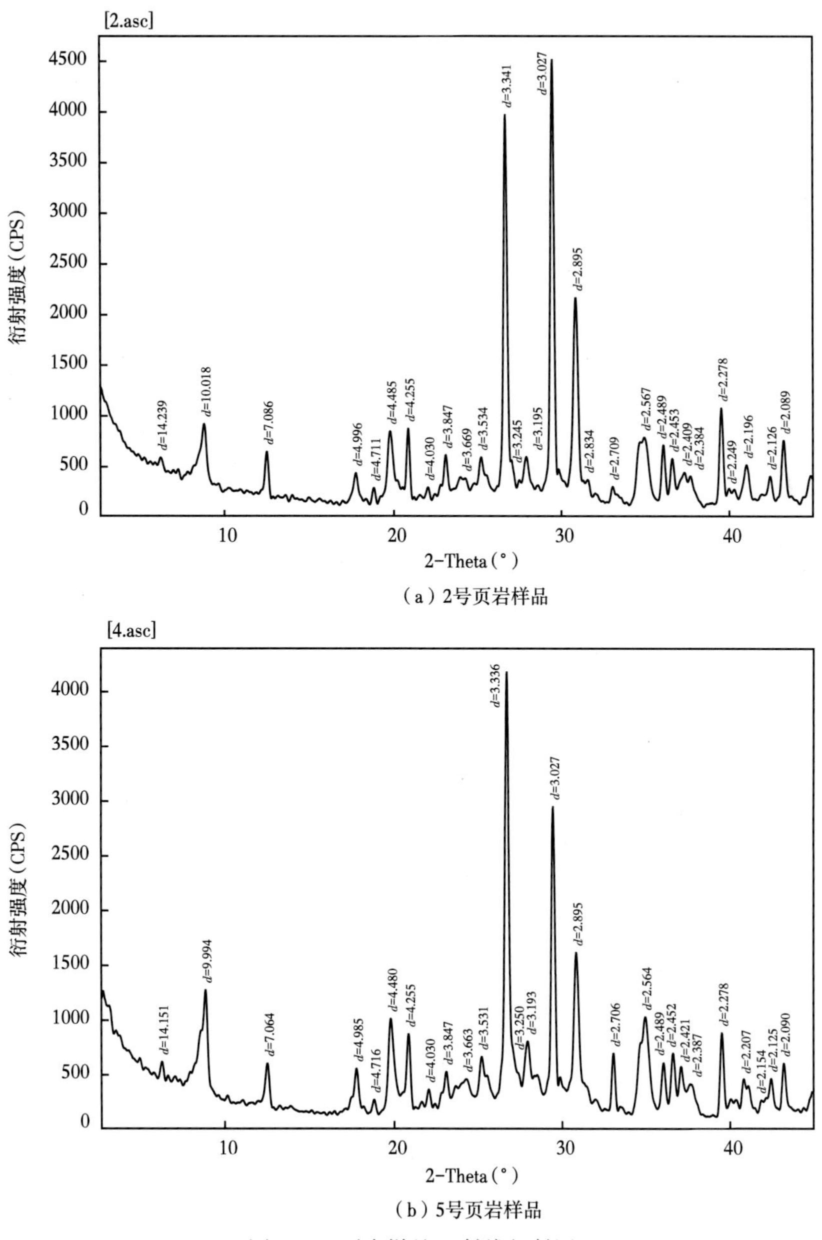

（a）2号页岩样品

（b）5号页岩样品

图 3-2　页岩样品 X 射线衍射图

实验结果表明，长宁地区和昭通地区页岩矿物组分较为复杂，主要由石英、长石、碳酸盐矿物、黏土矿物以及少量黄铁矿组成(图 3-3)，其中黏土矿物主要包括伊利石、伊/蒙混层以及少量绿泥石，黏土矿物的组成表明页岩处于成岩演化后期。

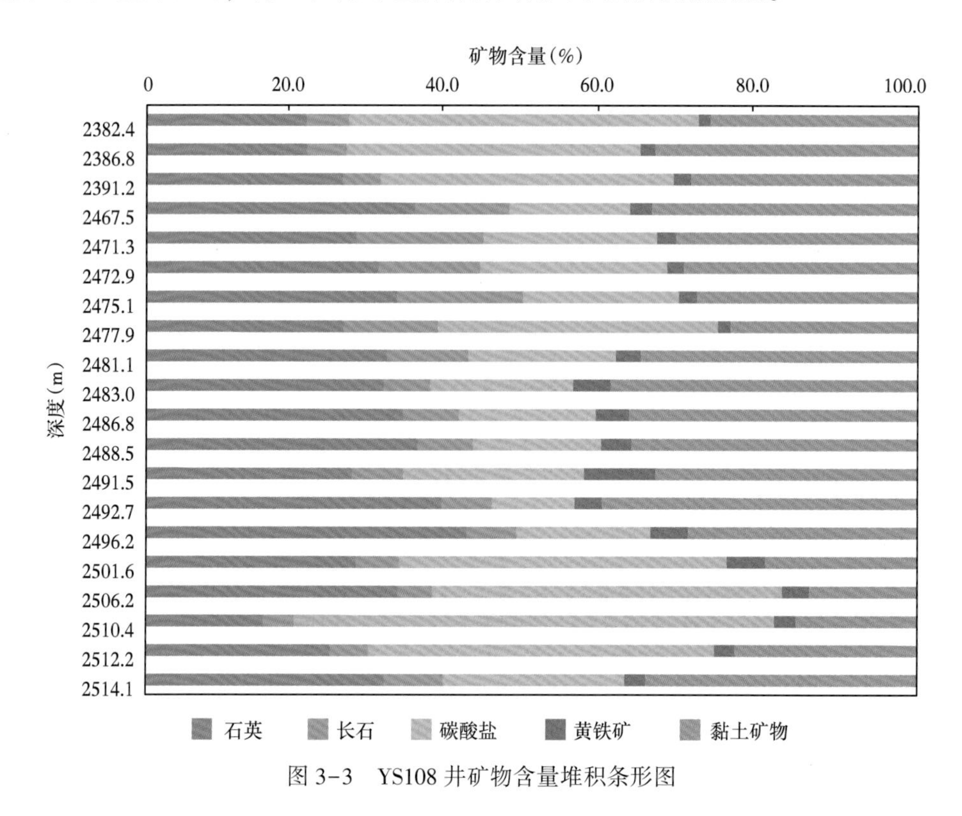

图 3-3 YS108 井矿物含量堆积条形图

从页岩矿物组分上来看，长宁和昭通地区不同矿物组分含量有一定的差异(图 3-4)。长宁地区石英含量平均为 46.8%，长石含量(包括钾长石和斜长石)平均为 5.7%，碳酸盐

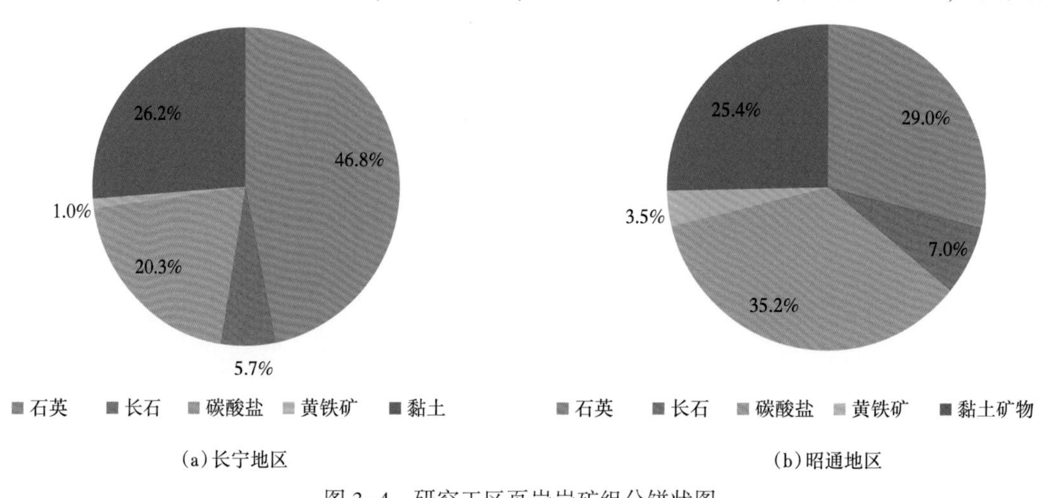

(a)长宁地区　　(b)昭通地区

图 3-4 研究工区页岩岩矿组分饼状图

矿物(包括方解石和白云石)含量平均为20. 3%，黄铁矿含量平均为1%，黏土矿物含量平均为26. 2%；昭通地区石英含量平均为29. 0%，长石含量平均为7. 0%，碳酸盐矿物含量平均为35. 2%，黄铁矿含量平均为3. 5%，黏土矿物含量平均为25. 4%。两个地区黏土矿物含量相当，长宁地区石英含量大于昭通地区。

纵向上，不同层位的页岩储层，其矿物组分也存在差异(图3-5)。总体来说，龙一$_1^1$小层和龙一$_1^3$小层石英矿物含量最高，下部龙一$_1^2$小层至五峰组的碳酸盐矿物含量大于上部龙一$_1^2$小层至龙一$_1^3$小层，上部龙一$_2$亚段的黏土矿物含量最高。从各小层矿物组分的差异也可以看出各小层储层质量的差异，页岩储层需要经过水力压裂成缝才能形成产能，龙一$_1^1$小层和龙一$_1^3$小层石英矿物含量最高，有利于后期工程技术对页岩储层的压裂改造，从而最大限度地开发地层中的气体，而龙一$_2$亚段黏土矿物最高，黏土矿物是典型的塑性矿物，高黏土矿物含量的页岩不利于工程压裂，所以从工程压裂的角度，下部地层页岩储层优于上部地层。

二、脆性指数

利用矿物含量可以计算页岩的脆性指数(刘洪等，2013；秦晓艳等，2016)。脆性指数较高的地层在同等压裂参数条件下更容易形成复杂的人工缝网。本书采用Xu等(2016)提出的基于矿物组分的脆性指数计算公式：

$$BI=\frac{Qz+Ca+Dol+Fel+Py}{Qz+Ca+Dol+Py+Cly+TOC} \tag{3-2}$$

式中 Qz——石英含量，%；

Ca——方解石含量，%；

Dol——白云石含量，%；

Fel——长石含量，%；

Py——黄铁矿含量，%；

Cly——黏土矿物含量，%；

TOC——有机碳含量，%；

BI——矿物脆性指数。

将X衍射仪得到的全岩矿物组分数据代入式(3-2)，可计算得到龙马溪组页岩脆性矿物相对含量，脆性指数介于39. 47 %~65. 46 %，平均值为53. 24 %，且随着深度的加深，脆性指数有增大的趋势(图3-6)。按照50 %的优质页岩目标优选指标的脆性指数标准(陈新军等，2012)，蜀南地区龙马溪组页岩有较好的可压性。

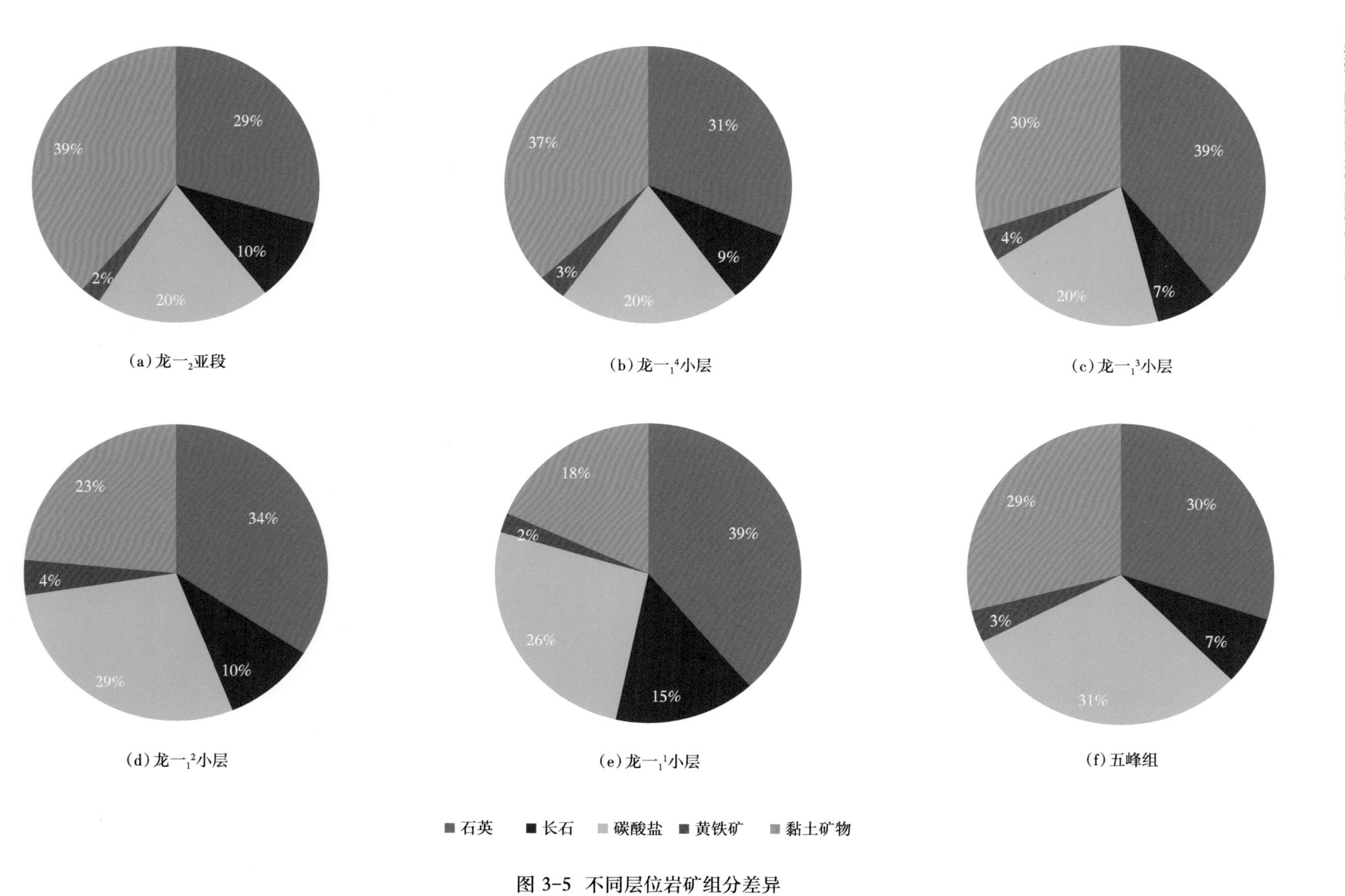

图 3-5 不同层位岩矿组分差异

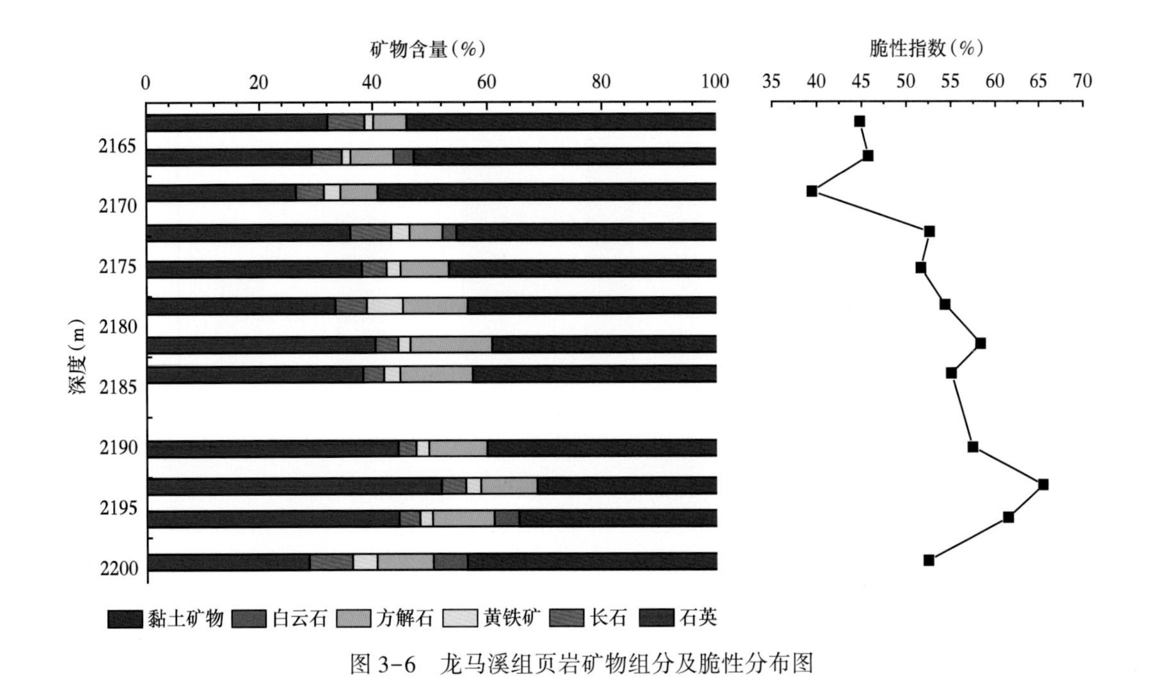

图 3-6　龙马溪组页岩矿物组分及脆性分布图

第三节　储层物性特征

一、页岩孔隙度

在传统的油气勘探中，页岩由于其孔隙度和渗透率值极低，往往不作为储层，故不对其储集物性作研究。然而在页岩气的勘探开发中，页岩的物性参数直接决定了页岩开采的经济价值，是页岩储层地质评价中重要的评价指标。孔隙度的大小决定了页岩中游离气的含量，而游离气含量的多少直接关系到气井初期的产量。有研究表明，当页岩孔隙度为0.5%时，页岩中游离气只占5%的比例，当孔隙度增加到4.2%时，游离气相对含量可达50%（周守为，2013）。

研究区页岩孔隙度最低值为1.13%，最高值为10.27%，平均值为5.68%，从各层位孔隙度分布的直方图可以看出（图3-7），龙一$_1^1$小层孔隙度平均值最高，为7.56%，五峰组孔隙度平均值最低，为3.37%。

从有机碳含量与孔隙度值的交会图（图3-8）中可以看出，有机碳含量与孔隙度值呈正相关关系，相关系数达0.67，说明页岩储层中，有机质对于页岩的孔隙度有一定的贡献。

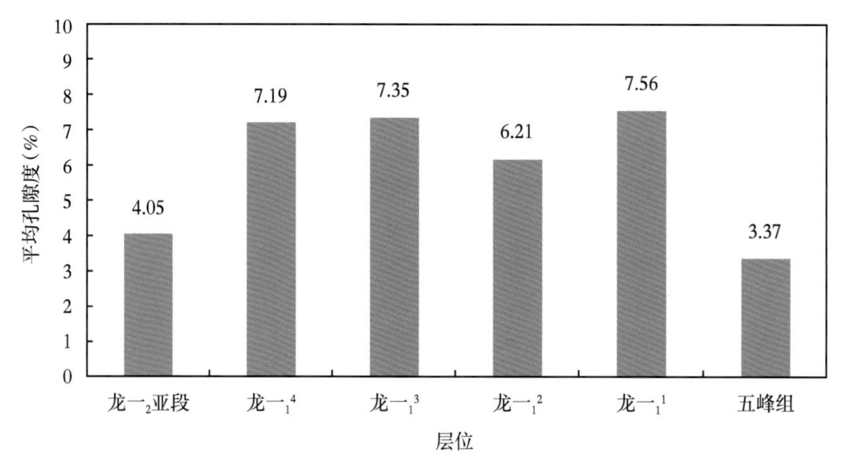

图 3-7　宁 201 井分层位孔隙度平均值直方图

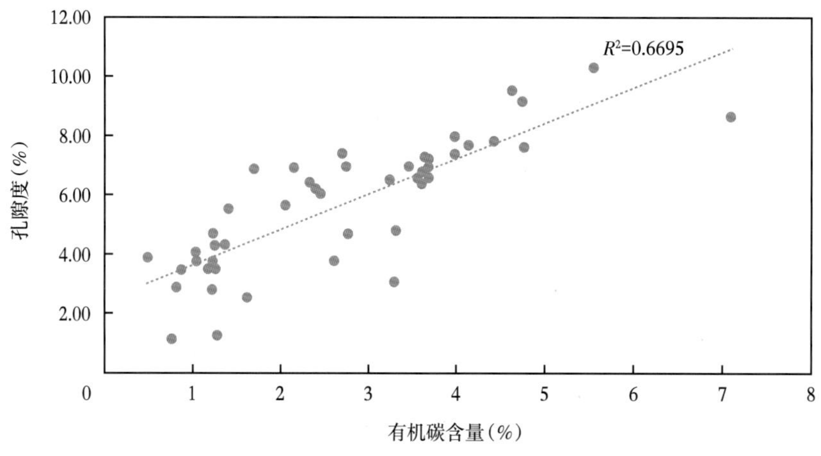

图 3-8　宁 201 井有机碳含量与孔隙度交会图

二、页岩渗透率

页岩岩性致密，渗透率极低，页岩气开发主要靠压裂来提高储层渗透率，一些天然存在的裂缝也可以提高页岩的渗透率。长宁页岩气田五峰组—龙一$_1$ 亚段实测平均单井基质渗透率为 $0.714\times10^{-4}\sim1.48\times10^{-4}$mD，平均为 1.02×10^{-4}mD。渗透率与孔隙度之间没有较好的相关性。

三、含气饱和度

页岩气藏的评价涉及多方面的因素，包括页岩矿物组分、脆性指数、页岩厚度、页岩埋深、有机质类型、有机质含量、有机质成熟度、干酪根类型、页岩储层的孔隙度、渗透率及流体饱和度等，这些因素之间相互制约相互影响。其中流体饱和度对于页岩储层的进一步研究具有重要的作用，对于含水饱和度的下限，引用斯伦贝谢公司的下限值，含水饱和度小于45%，含油饱和度小于5%。

川南地区五峰组—龙一$_1$亚段各小层含气饱和度均值在54.2%~64.7%之间，平均为62%，其中长宁区块五峰组—龙一$_1$亚段各小层含气饱和度均值在54.2%~64.6%之间，昭通区块五峰组—龙一$_1$亚段各小层含气饱和度均值在56.2%~64.7%之间。纵向上，龙一$_1^1$小层含气饱和度最高（表3-2）。

表3-2 川南地区五峰组—龙一$_1$亚段各小层含气饱和度统计

地层/小层	长宁区块含气饱和度（%）		昭通区块含气饱和度（%）	
	区间	平均值	区间	平均值
龙一$_1^4$小层	48.1~72.5	59.5	39.0~73.5	58.1
龙一$_1^3$小层	28.0~71.3	59.2	41.3~73.7	56.2
龙一$_1^2$小层	28.7~81.7	63.8	35.4~73.1	57.1
龙一$_1^1$小层	25.6~81.9	64.6	42.8~84.8	64.7
五峰组	14.2~78.0	54.2	38.9~78.8	62.5

第四节 川南海相页岩储层质量评价

在前述实验数据的基础上，本章使用体积法进行蜀南地区长宁和昭通两个区块开发储量的评价。优选测井解释模型，进行研究区评价井储量计算参数的测井解释，包括有机碳含量、孔隙度和含水饱和度，在此基础上优选有机碳含量和孔隙度作为页岩储层物性评价参数，引入测井解释杨氏模量和泊松比作为储层脆性参数，地质和工程因素结合，进行页岩全井段储层质量评价。

一、总有机碳含量计算

总有机碳含量是评价页岩储层的重要参数。实验室测试能够得到离散的有机碳含量数值，不能有效反映全井段有机碳含量的分布特征。国内外学者常利用测井响应特征与TOC值相关性的特征，获取页岩储层TOC的含量（表3-3）。有机碳的富集使得页岩常规测井响应发生明显变化：总伽马和铀含量测井值增大，体积密度值减小，声波时差增大，中子孔隙度明显增大，电阻率增大。

表 3-3 TOC 预测方法总结

计算方法	方法描述	参考
铀富集法	有机质与铀含量的线性关系	Guidry 等，1995
GR 强度法	由 GR 强度推导有机质体积	Fert1 和 Chilinger，1988
体积密度法	有机碳与体积密度的经验关系	Schmoker，1979
$\Delta\lg R$ 法	孔隙度测井与电阻率测井系列重叠	Passey 等，1990
神经网络法	常规测井曲线预测 TOC	Rezaee 等，2007
脉冲中子—GR 光谱	脉冲中子和 GR 能谱方法区分过剩碳	Pemper 等，2009

对于蜀南地区长宁和昭通黄金坝气田五峰—龙马溪组页岩储层，通过测井曲线与实验室分析的总有机碳含量进行相关性分析，发现自然伽马能谱中的铀含量（HURA）与实测 TOC 含量有较好的相关性（图 3-9），相关系数高达 0.85。在处于还原环境的页岩中，富有机质页岩铀含量较高，测井响应中反映为自然伽马能谱中的高铀含量，气田现场也常用总伽马和无铀伽马的差值来反映有机质的富集程度。

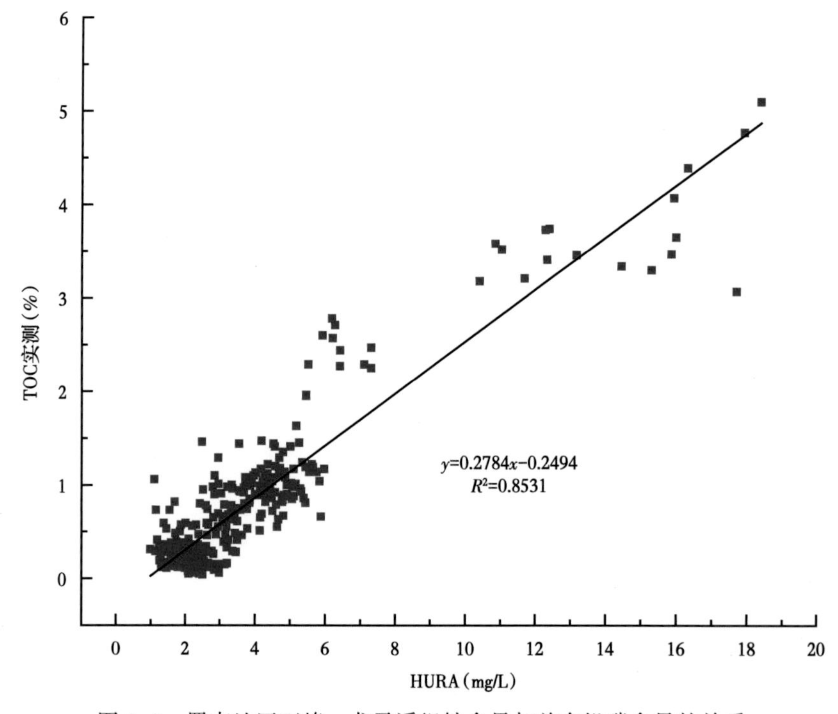

图 3-9 蜀南地区五峰—龙马溪组铀含量与总有机碳含量的关系

由图 3-9 中的相关关系，建立起蜀南地区页岩中铀含量 U 计算有机碳含量的经验公式，计算公式如下：

$$TOC = 0.2784U - 0.2494 \quad (3-3)$$

式中 TOC——有机碳含量,%；

U——铀含量，mg/L。

利用该有机碳含量计算模型，对区域内其他评价井进行 TOC 计算，并利用评价井的岩心 TOC 测试结果与测井模型计算的 TOC 进行对比分析，以验证测井计算模型的可行性。图 3-10、图 3-11、图 3-12 为长宁页岩气田评价井宁 203 井、宁 201 井以及昭通地区黄金坝 YS108 井五峰—龙马溪组岩心测试 TOC 值（红色杆状数据）与测井模型计算的 TOC 对比，二者吻合较好，故该测井经验模型可用于蜀南地区五峰—龙马溪组页岩 TOC 值的预测以及后期储量的计算。

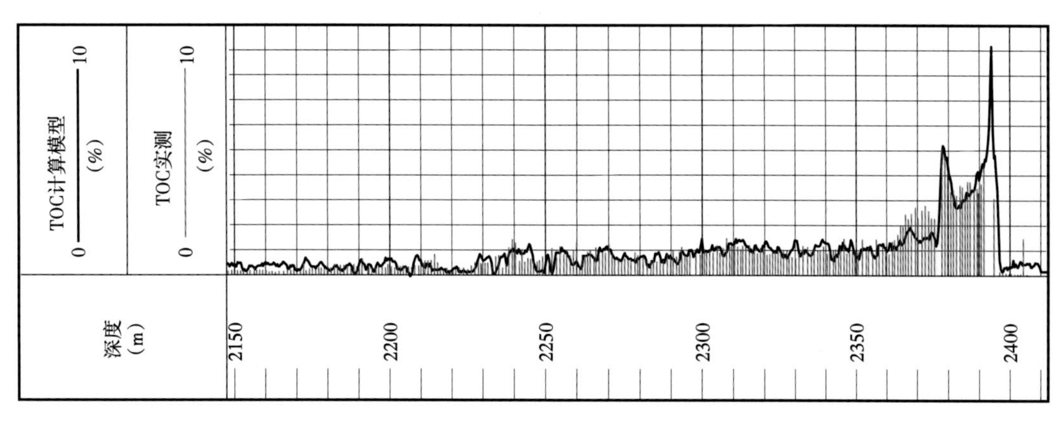

图 3-10 宁 203 井五峰—龙马溪组 TOC 实测与测井计算 TOC 对比图

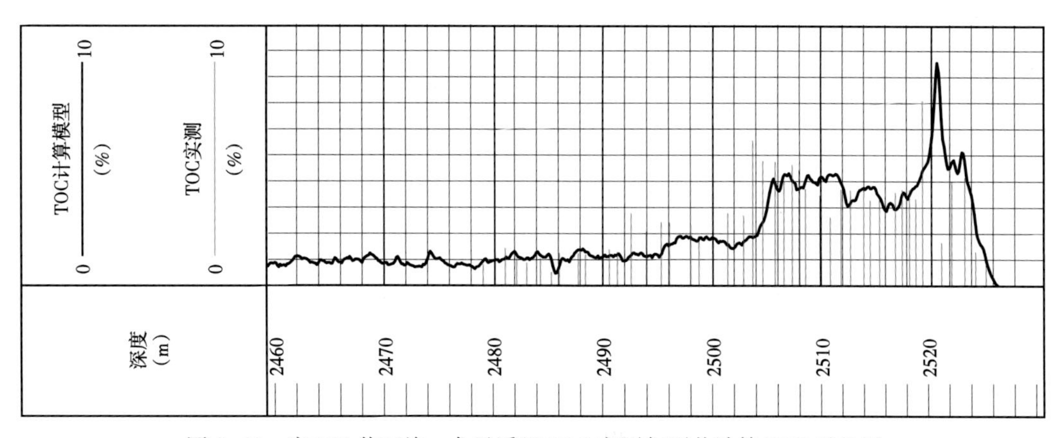

图 3-11 宁 201 井五峰—龙马溪组 TOC 实测与测井计算 TOC 对比图

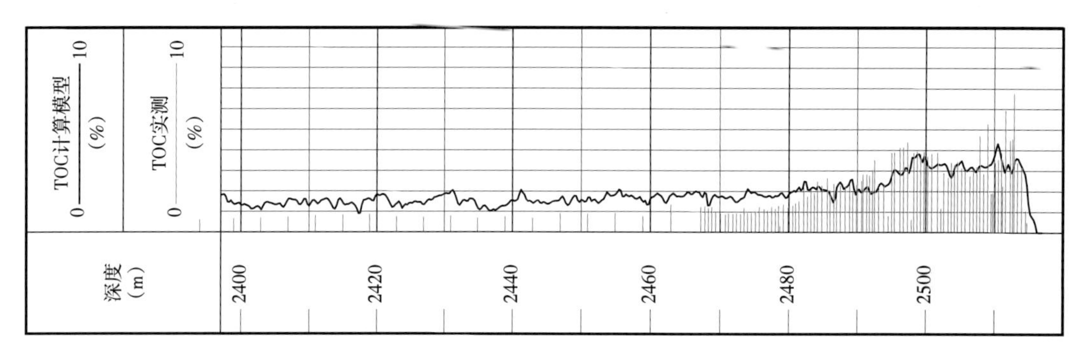

图 3-12　YS108 井五峰—龙马溪组 TOC 实测与测井计算 TOC 对比图

二、总孔隙度计算

页岩储层总孔隙度的计算方法通常有环境校正法、密度曲线法、一元回归法、多元回归法等。本书根据研究区评价井岩心测试孔隙度与常规测井曲线进行相关性分析，发现声波时差、密度以及总伽马含量与岩心测试孔隙度有较好的相关性（图 3-13）。因此，本书综合利用声波时差曲线、密度曲线以及总伽马含量曲线建立蜀南地区五峰—龙马溪组总孔隙度多元回归模型，计算公式如下：

$$\phi=a_1\Delta t_{\mathrm{ma}}+a_2\rho_{\mathrm{base}}+a_3GR+a_4 \qquad (3-4)$$

式中　ϕ——孔隙度，%；

Δt_{ma}——声波时差测井值，μm/s；

ρ_{base}——岩性密度测井值，g/cm^3；

GR——自然伽马测井值。

经验参数取值 $a_1=0.115$，$a_2=-5.041$，$a_3=0.001$，$a_4=8.1904$。

根据得到的经验模型，对研究区评价井的孔隙度进行计算，并与深度归位后的岩心测试孔隙度进行对比，以验证模型的可行性。图 3-14、图 3-15 为长宁页岩气田评价井宁 203 井、宁 201 井五峰—龙马溪组岩心测试孔隙度值（红色杆状数据）与测井模型计算的孔隙度值对比，二者吻合较好，故该测井经验模型可用于蜀南地区五峰—龙马溪组页岩孔隙度值的预测以及后期储层的评价、储量的计算。

三、页岩储层质量综合评价

与常规储层评价不同，影响页岩储层质量的评价不仅仅是储层的物性，还应包括储层的吸附性，不仅需要考虑储层的地质特征，还应考虑工程参数特征。虽然页岩储层岩性变化不大，但其储层内部非均质性很强，且影响储层质量的因素众多，给页岩储层的评价带

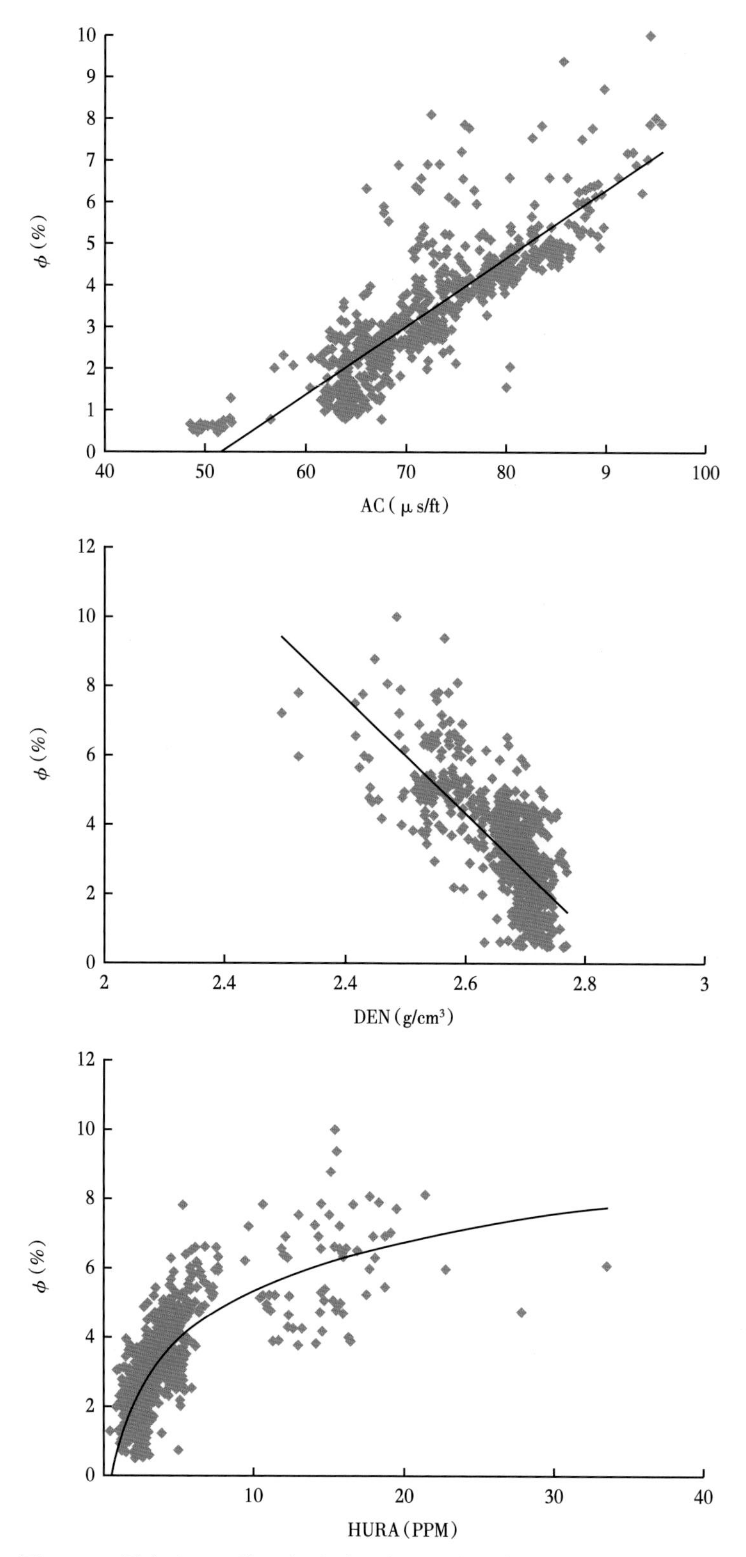

图 3-13　蜀南地区五峰—龙马溪组岩心测试孔隙度与测井响应的关系

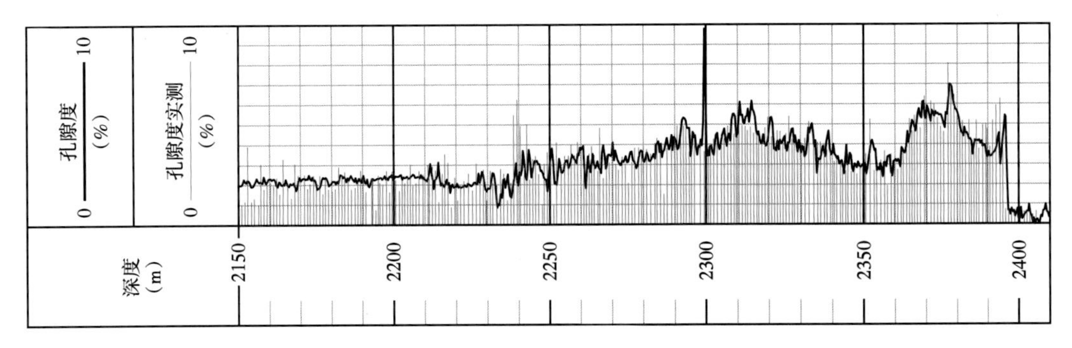

图 3-14　宁 203 井五峰—龙马溪组孔隙度实测与测井计算孔隙度对比图

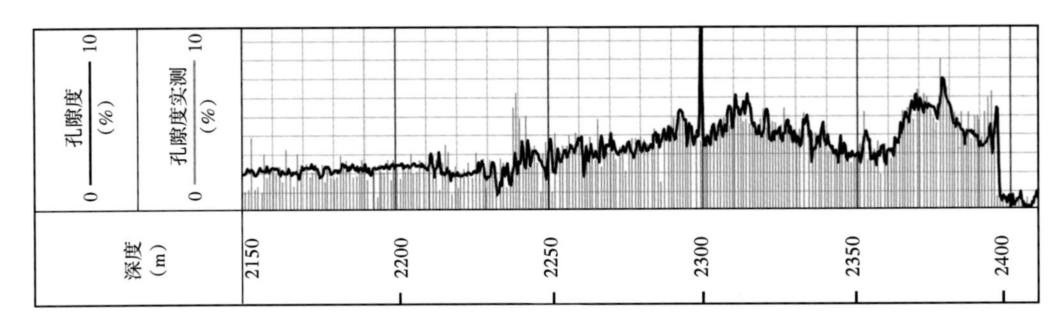

图 3-15　宁 201 井五峰—龙马溪组孔隙度实测与测井计算孔隙度对比图

来了很大困难。目前页岩储层质量评价大多停留在地质参数评价方面，忽略了页岩本身的力学特征对其储层质量的影响，且以分析化验资料为基础的储层评价成本高，可操作性低，不能满足现场生产的需要。

页岩储层质量受地质条件和工程条件两个方面的影响，其中地质条件主要体现在总有机碳含量和孔隙度上，工程条件主要体现在可压性上，且通常情况下页岩储集物性和可压性存在相互制约的关系，储集物性指数大的页岩其脆性矿物组分通常较低。优选总有机碳含量和孔隙度作为评价页岩储集性的地质参数，杨氏模量和泊松比作为评价页岩可压性的工程参数；结合实验室对总有机碳含量和孔隙度的测试结果，选择合适的曲线建立总有机碳含量和孔隙度的测井解释模型。对测井解释得到的总有机碳含量和孔隙度数据进行归一化处理，综合两项指标计算出页岩的物性指数。通过纵波、横波测井数据计算得到岩石的弹性模量和泊松比，对计算结果进行归一化处理，综合两项指标计算得到岩石的脆性指数。最后综合物性指数和脆性指数，使用熵权法确定物性指数以及脆性指数对储层质量的贡献权重，从而计算出页岩的综合评价指数，实现对页岩储层质量的综合、定量评价。页岩储层质量评价流程图如下（图 3-16）。

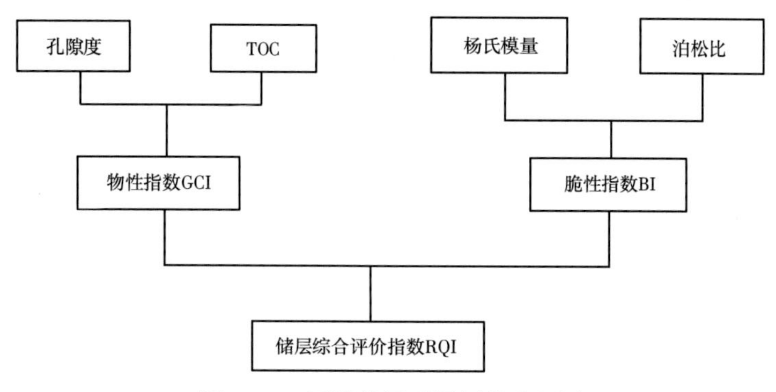

图 3-16　页岩储层质量评价流程图

1. 物性指数

由关于页岩储层含气量的评价可知，储层有机碳含量以及孔隙度是评价页岩储层的两个至关重要的参数，其值直接关系到吸附气和游离气的含量。根据关于总有机碳含量计算模型和总孔隙度计算模型，得到评价井全井段测井解释结果，在此基础上在解释层段内找出总有机碳含量的最大值 TOC_{max}、最小值 TOC_{min} 以及孔隙度最大值 ϕ_{max}、最小值 ϕ_{min}，进而对数据进行归一化处理，处理公式如下：

$$\Delta TOC_i = \frac{TOC_i - TOC_{min}}{TOC_{max} - TOC_{min}} \tag{3-5}$$

$$\Delta\phi_i = \frac{\phi_i - \phi_{min}}{\phi_{max} - \phi_{min}} \tag{3-6}$$

式中　TOC_i——第 i 个测井解释数据点的总有机碳含量值，%；

ΔTOC_i——对应归一化后的数值，无量纲；

ϕ_i——第 i 个测井解释数据点的孔隙度值，%；

$\Delta\phi_i$——对应归一化的数值，无量纲。

通过等效计算方法计算物性评价指数，计算公式如下：

$$\frac{2}{GCI} = \frac{1}{\Delta TOC} + \frac{1}{\Delta\phi} \tag{3-7}$$

2. 脆性指数

脆性指数是岩石是否能够有效改造的关键参数，国外页岩气生产实践表明，当页岩脆性指数大于40%时，有利于页岩气储层压裂开采。常用的脆性评价方法包括矿物组分计算法和岩石物理计算方法两类。为了和物性指数的评价数据一致，本部分采用岩石物理计算方法计算岩石脆性指数，其原理是利用测井资料计算页岩的杨氏模量和泊松比两个关键参数，一般认为低泊松比、高杨氏模量指示高脆性。

本书根据声波测井资料，获取纵波速度 Δt_p 和横波速度 Δt_s，从而计算杨氏模量以及泊松比，计算公式如下：

$$E_i = \rho_{base}\Delta t_s^2 \frac{3(\Delta t_p/\Delta t_s^2)^2 - 4}{(\Delta t_p/\Delta t_s)^2 - 1} \tag{3-8}$$

$$\upsilon_i = \frac{0.5(\Delta t_s/\Delta t_p)^2 - 1}{(\Delta t_s/\Delta t_p)^2 - 1} \tag{3-9}$$

式中 E_i——第 i 个测井解释数据点的杨氏模量，GPa；

υ_i——第 i 个测井解释数据点的泊松比；

Δt_p——纵波时差，μm/s；

Δt_s——横波时差，μm/s。

在解释层段内找出杨氏模量的最大值 E_{max}、最小值 E_{min} 以及泊松比最大值 υ_{max}、最小值 υ_{min}。根据杨氏模量和泊松比的计算结果，对数据进行归一化处理，计算公式如下：

$$\Delta E_i = \frac{E_i - E_{min}}{E_{max} - E_{min}} \tag{3-10}$$

$$\Delta \upsilon_i = \frac{\upsilon_i - \upsilon_{max}}{\upsilon_{min} - \upsilon_{min}} \tag{3-11}$$

式中 ΔE_i——杨氏模量归一化后的数值，无量纲；

$\Delta \upsilon_i$——泊松比归一化后的数值，无量纲。

通过等效计算方法计算页岩脆性评价指数 BI，计算公式如下：

$$\frac{2}{BI} = \frac{1}{\Delta E_i} + \frac{1}{\Delta \upsilon_i} \tag{3-12}$$

3. 储层综合评价指数

页岩储层质量受物性特征和脆性特征的双重影响，本书定义储层综合评价指数（RQI）如下：

$$RQI = e_1\,GCI + e_2 BI \tag{3-13}$$

式中 e_1、e_2——物性指数和脆性指数对储层质量的权重系数，使用熵权法计算权重系数 e_1 和 e_2。

熵模型如下：

$$H_j = -k\sum_{i=1}^{n} f_{ij}\ln f_{ij},\ j = 1,2 \tag{3-14}$$

其中 $k = 1/\ln n$，$f_{i1} = \Delta GCI'_i$，$f_{i2} = \Delta BI'_i$，且当 $f_{ij} = 0$ 时，令 $f_{ij}\ln f_{ij} = 0$，n 表示目的层段测井

解释数据点总数。

在定义了熵 H_1 和 H_2 之后，分别计算物性指数权重 e_1 和脆性指数权重 e_2，公式如下：

$$e_1 = \frac{1 - H_1}{2 - (H_1 + H_2)} \tag{3-15}$$

$$e_2 = \frac{1 - H_2}{2 - (H_1 + H_2)} \tag{3-16}$$

其中，在确定了物性指数和脆性指数各自的权重后，代入式(3-13)中得到目的层段的储层综合评价指数。根据储层综合评价指数大小确定测井解释层段页岩质量。

图 3-17 为计算得到的物性指数和脆性指数交会图。从图中可以看出，物性指数和脆性指数是一对相互制约的参数，物性指数的增大会导致脆性指数的减小，反之亦然。优质页岩一定是物性指数和脆性指数的平衡，即综合评价参数。当综合评价参数大于 0.5 时，物性指数大于 0.4，脆性指数大于 0.45，储层质量最好；当综合评价参数介于 0.4~0.5 时，物性指数介于 0.3~0.6，脆性指数介于 0.3~0.7，某些物性指数接近 0.6 的点，其脆性指数仅为 0.3 左右，不利于压裂。故在页岩储层评价中需要综合考虑储层物性和脆性，本书给出的方法能够综合地质和工程因素，实现页岩储层的定量连续评价，亦可以应用在水平井钻遇地层的储层质量评价。

根据以上储层质量参数计算方法，计算了研究区评价井纵向上储层物性指数、脆性指数以及储层综合评价指数的分布(图 3-18，表 3-4)。从图中可以看出，页岩储层质量纵向上存

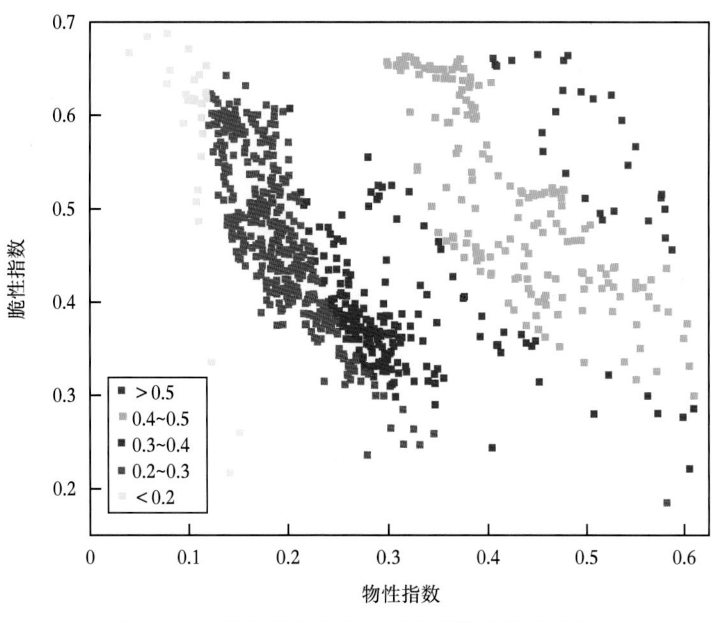

图 3-17　物性评价指数与脆性评价指数交会图

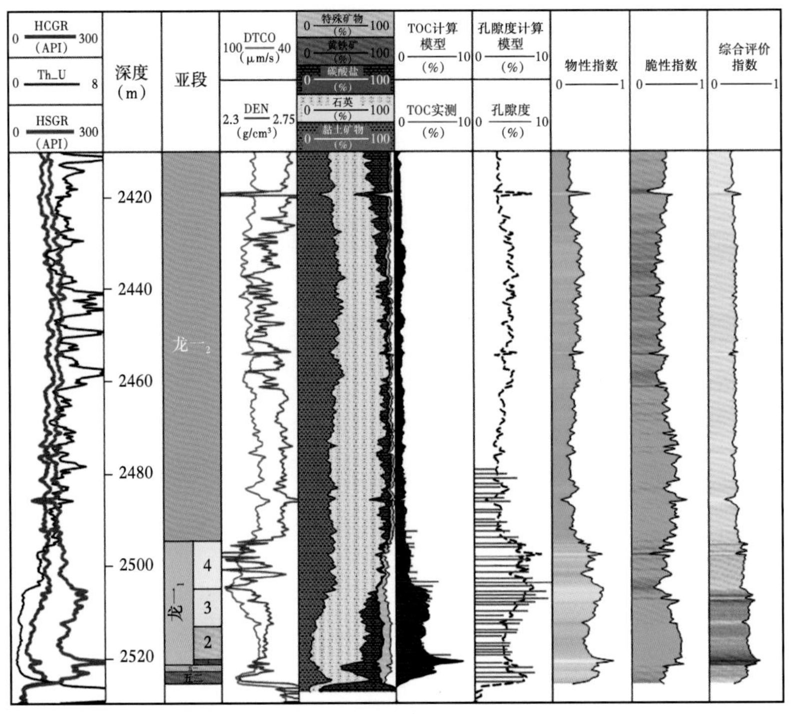

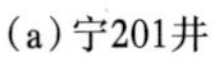
(a)宁201井

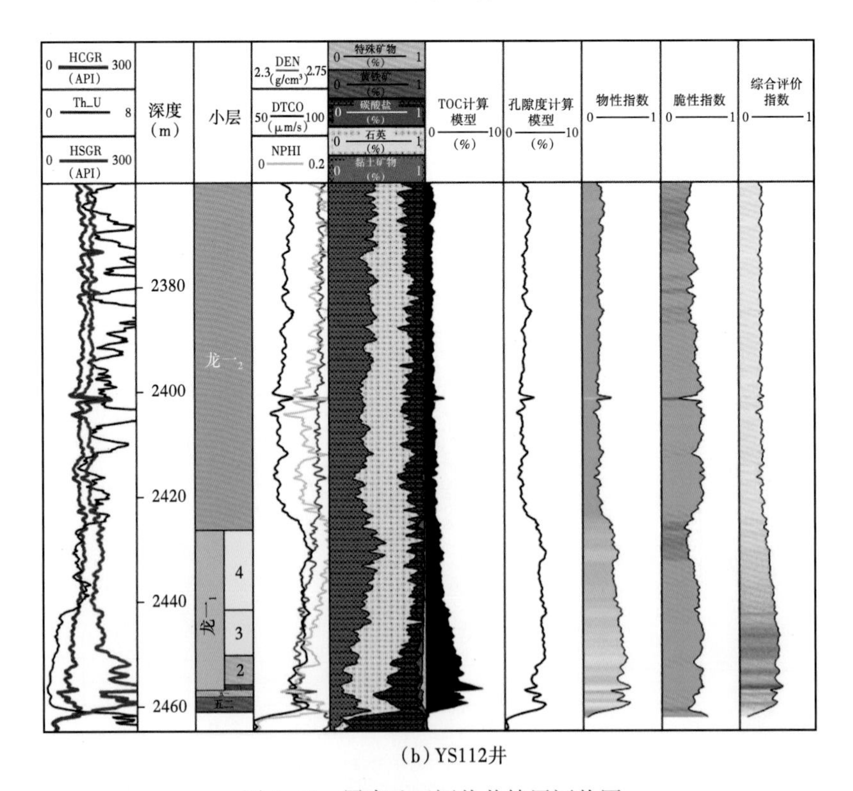

(b)YS112井

图 3-18　蜀南地区评价井储层评价图

在较大差别，其中，龙一$_1^1$小层储层质量最好，其次是五峰组、龙一$_1^2$小层和龙一$_1^3$小层，龙一$_1^4$小层页岩储层质量相对较差。区域上，长宁地区页岩储层质量优于昭通地区。

表 3-4　宁 201 井和 YS112 井储层质量评价参数计算表

井号	层号	顶深（m）	底深（m）	层（m）	TH/U	DEN（g/cm^3）	TOC（%）	孔隙度（%）	物性指数	脆性指数	综合评价指数
宁 201	龙一$_2$	2409.68	2494.60	84.92	4.86	2.62	0.90	3.88	0.29	0.44	0.34
	龙一$_1^4$	2494.60	2505.04	10.44	2.60	2.44	1.74	6.06	0.47	0.42	0.43
	龙一$_1^3$	2505.04	2513.18	8.14	0.99	2.54	3.90	5.30	0.54	0.48	0.50
	龙一$_1^2$	2513.18	2520.30	7.12	0.78	2.55	3.63	3.84	0.44	0.62	0.51
	龙一$_1^1$	2520.30	2521.50	1.20	0.58	2.52	6.84	4.31	0.65	0.57	0.60
	五峰组	2522.92	2525.54	2.62	2.02	2.46	2.89	5.85	0.52	0.41	0.45
YS112	龙一$_2$	2357.30	2426.26	68.96	6.07	2.70	1.08	2.68	0.23	0.44	0.29
	龙一$_1^4$	2426.26	2441.40	15.14	3.19	2.64	2.04	4.68	0.40	0.41	0.40
	龙一$_1^3$	2441.40	2450.08	8.68	1.42	2.58	3.27	4.91	0.49	0.50	0.49
	龙一$_1^2$	2450.08	2455.72	5.64	0.80	2.57	4.40	4.12	0.50	0.48	0.49
	龙一$_1^1$	2455.72	2456.88	1.16	0.49	2.53	6.15	3.53	0.55	0.51	0.53
	五峰组	2457.94	2460.88	2.94	1.32	2.60	3.76	4.29	0.47	0.39	0.43

第四章　川南五峰—龙马溪组页岩储层微观孔隙结构

页岩是一种颗粒较细、非均质性强、矿物形成复杂、岩性致密的非常规油气储层。页岩中发育有机质孔隙、黄铁矿晶粒间孔隙、生物化石中矿物微裂缝和黏土矿物多孔絮状体等，这些微孔隙及微裂缝形成了页岩气重要的储集空间。页岩基质微观结构与储层微裂缝网络系统是影响页岩气井生产复杂性的主要因素。

页岩气勘探开发在国内外的迅速发展，极大地促进了页岩气微观储层相关方面的研究，最显著的进展主要表现在对页岩微观孔隙结构的研究，已从微米级扩展到纳米级。越来越多的实例和数据证实在页岩内部存在众多的微米级、纳米级微孔隙，它们构成了页岩气储层中最重要的储集空间，对天然气的储存和渗流起到了至关重要的作用。与常规储层相比，页岩储层的孔隙直径更加细小，几何形态、分布、成因及控制因素更加复杂。

第一节　页岩储层微观孔隙结构表征方法

页岩储层是影响页岩储集能力和页岩气产量的重要因素，是页岩气勘探评价的核心问题之一。与常规砂岩或碳酸盐岩储层相比，页岩储层具有极低的孔隙度和渗透率，常规的储层测试方法和研究手段不能够有效探测和识别页岩微米级甚至纳米级的孔径分布特征。国内外对泥页岩的早期研究主要侧重于将其作为常规油气的烃源岩和盖层对待，缺乏对作为储层的泥页岩孔隙结构的详细论述和精细刻画。近年来，随着实验技术手段的不断进步，人们可以使用多种实验方法对页岩的微观孔隙结构进行定性的观察描述以及定量的解释评价。

研究页岩孔隙形态及分布的扫描电镜技术主要有氩离子抛光扫描电镜、透射电镜、原子力显微镜、Qemscan 等成像方法。氩离子抛光扫描电镜技术的使用能够实现页岩孔隙形态的清晰成像。研究页岩孔隙结构的实验方法主要有高压压汞法、低温吸附实验法、小角散射/超小角散射实验法、核磁共振实验等。国际纯粹与应用化学联合会（IUPAC）将小于 2nm 的孔隙称为微孔隙，2~50nm 的孔隙称为介孔，大于 50nm 的孔隙称为宏孔隙，高压压汞法主要表征页岩宏孔隙的分布，吸附法主要表征微孔隙以及介孔的分布特征；研究页岩孔隙结构三维空间分布的技术主要有聚焦离子束扫描电镜（FIB-SEM）以及 CT 技术（图 4-1）。

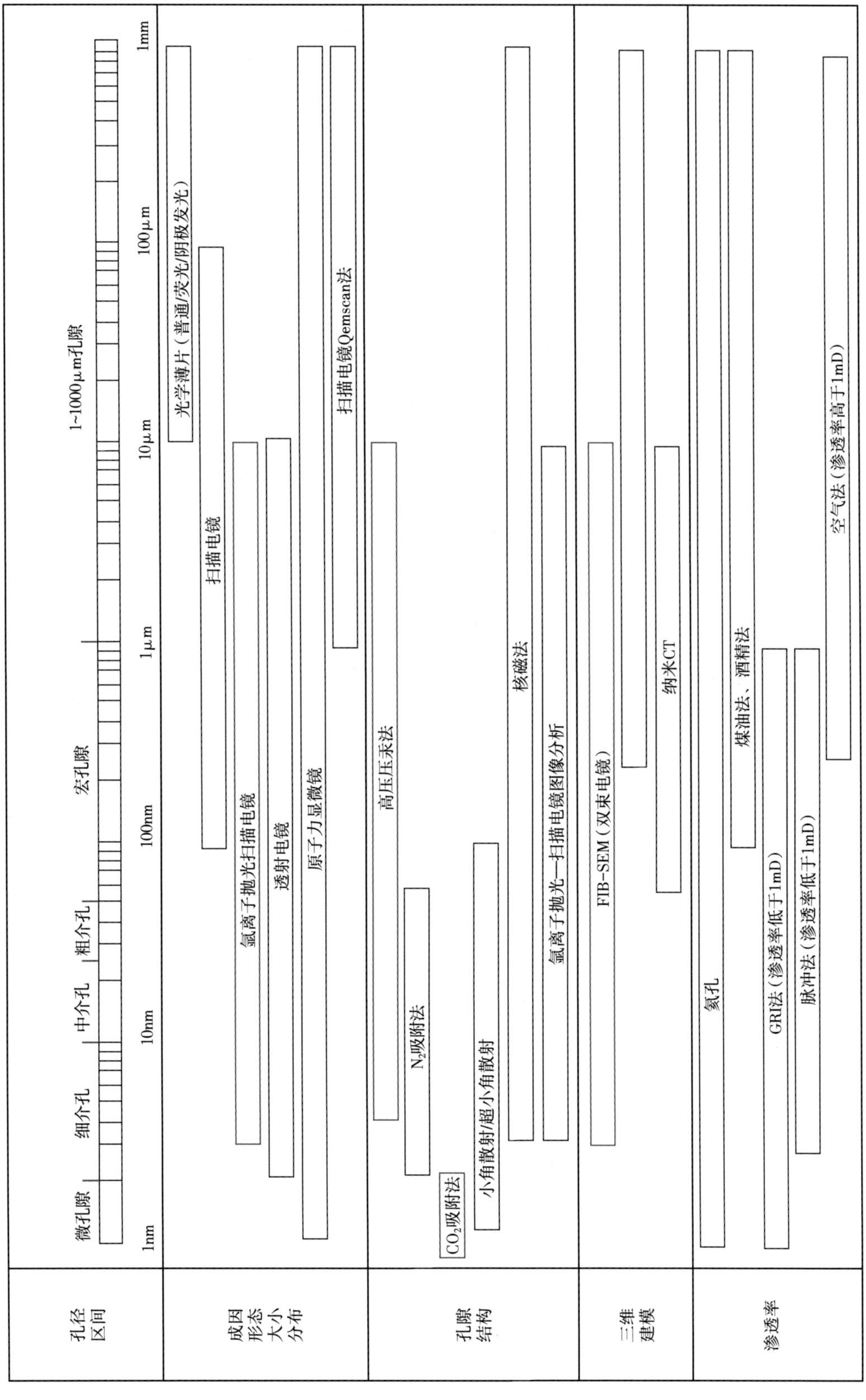

孔径区间
微孔隙　细介孔　中介孔　粗介孔　宏孔隙　1~1000μm孔隙
1nm　10nm　100nm　1μm　10μm　100μm　1mm

成因形态大小分布
光学薄片（普通/荧光/阴极发光）
扫描电镜
氩离子抛光扫描电镜
透射电镜
原子力显微镜
扫描电镜Qemscan法

孔隙结构
高压压汞法
N_2吸附法
CO_2吸附法
小角散射/超小角散射
核磁法
氩离子抛光—扫描电镜图像分析

三维建模
FIB-SEM（双束电镜）
纳米CT

渗透率
氦孔
煤油法、酒精法
GRI法（渗透率低于1mD）
脉冲法（渗透率低于1mD）
空气法（渗透率高于1mD）

图4-1　页岩储层孔隙结构研究方法与技术

Loucks 等(2012)通过使用氩离子抛光技术对页岩表面进行抛光处理，然后进行镜下观察，将页岩孔隙分为基质孔隙(mineral matrix pores)、有机质孔隙(organic-matter pores)及裂缝(fracture pores)三大类(图 4-2)。其中，基质孔隙又分为粒间孔隙(interparticle pores)和粒内孔隙(intraparticle pores)两个亚类。粒间孔隙是发育在颗粒以及晶粒之间的孔隙，在浅埋藏阶段比较发育，随着埋深的增加以及成岩作用(压实作用及胶结作用)的进行，粒间孔隙逐渐消失；粒内孔隙是指发育在颗粒或者晶粒内部的孔隙，大部分是由于溶蚀作用形成的；有机质孔隙是发育在有机质内部的粒内孔隙，由于其在页岩气形成过程中的重要作用，故将其单独分类。国内学者于炳松对在 Loucks 方案的基础上，结合国际纯粹与应用化学联合会对于微观孔隙的定量分类标准(微孔隙直径小于 2nm，介孔直径介于 2~50nm，宏孔隙直径大于 50nm)，对各类孔隙进行了系统命名。

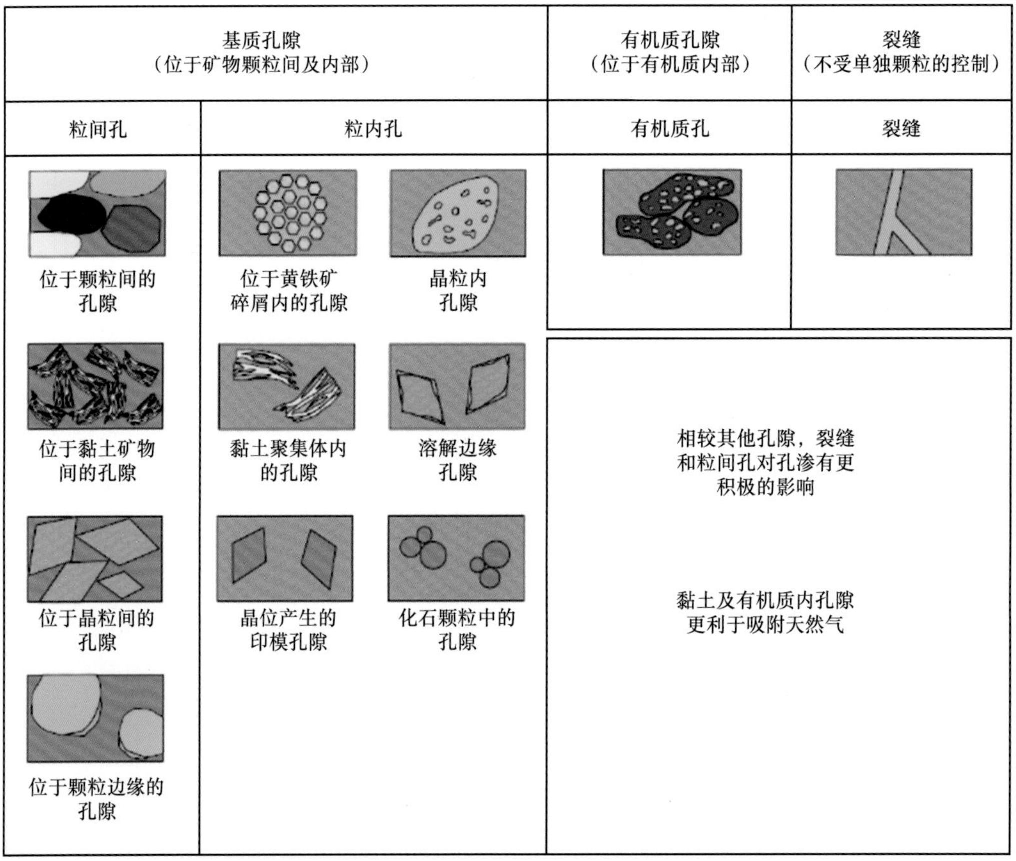

基质孔隙（位于矿物颗粒间及内部）			有机质孔隙（位于有机质内部）	裂缝（不受单独颗粒的控制）
粒间孔	粒内孔		有机质孔	裂缝
位于颗粒间的孔隙	位于黄铁矿碎屑内的孔隙	晶粒内孔隙		
位于黏土矿物间的孔隙	黏土聚集体内的孔隙	溶解边缘孔隙	相较其他孔隙，裂缝和粒间孔对孔渗有更积极的影响	
位于晶粒间的孔隙	晶位产生的印模孔隙	化石颗粒中的孔隙	黏土及有机质内孔隙更利于吸附天然气	
位于颗粒边缘的孔隙				

图 4-2　页岩孔隙类型分类(据 Loucks 等，2012)

聚焦离子束扫描电镜技术使用离子束对样品进行连续切割并成像，能够真实还原页岩中的孔隙以及矿物质的三维结构特征，近年来在非常规储层(页岩及煤层)微观孔隙结构表征领域得到了广泛应用。Curtis 等（2010）使用 FIB-SEM 研究了北美九个主要页岩盆地（Barnett、Woodford、Eagle Ford、Haynesville、Marcellus、Kimmeridge、Floyd、Fayetteville 和 Horn River）的页岩样品，结果表明，页岩中的孔隙直径跨度较大，从几纳米到几百纳米不等，且页岩中 50%以上的孔隙由有机质提供。Zhou 等（2016）利用聚焦离子束扫描电镜技术研究了四川盆地南部龙马溪组及牛蹄塘组页岩的二维及三维纳米级孔隙结构特征，并比较了两个层位纳米级孔隙结构的异同；马勇等（2015）使用聚焦离子束扫描电镜对渝东南地区五峰—龙马溪组以及牛蹄塘组两套富有机质页岩的孔隙结构进行了系统观察，并通过三维重构对孔隙结构参数进行了定量分析，揭示了两套页岩孔隙结构的差异。

随着实验技术手段的进步，对于页岩储层微观结构的表征逐渐由定性表述向定量表征发展。能够实现页岩孔隙结构定量表征的方法主要有核磁共振法、高压压汞法以及气体吸附法。核磁共振（NMR）作为一种近年来兴起的实验分析手段，其通过直接观测岩石样品的孔隙流体信号，揭示岩石的孔隙结构特征以及物性、含气性等储层参数，具有无损样品、方便快捷的特点。张烈辉等（2015）使用核磁共振技术对四川盆地南部龙马溪组页岩岩样进行了分析实验，并根据弛豫时间与孔隙半径的关系得到页岩孔径分布；周尚文等（2016）利用核磁共振技术结合离心实验对南方海相页岩储层可动流体饱和度进行了定量研究，并确定了适用于页岩的可动流体弛豫时间截止值，发现南方海相页岩主要发育纳米级孔隙，且孔隙半径主要分布在 20~200nm 之间。高压压汞技术基于注入压力和孔隙半径的 Washburn 方程，被看作是测量宏孔隙分布的标准方法，其实验原理是当非湿相注入多孔介质时，由于表面张力的阻力，需要施加压力才能将非湿相的液体注入到岩石孔隙中，通过记录注入压力随仅供量的变化即可测得毛细管压力曲线。其在应用过程中具有原理简单、实验速度快、测试范围宽等优点。由于其在宏孔隙范围内测量的优势，国内外学者通常将气体吸附法和高压压汞法联合进行页岩全孔径的表征。Mastalerz 等（2013）使用联合气体吸附法和高压压汞法对 Devonian 页岩和 Mississippian New Albany 页岩五个不同成熟度的样品进行了测试，结果表明只有低成熟度的样品才发育宏孔隙，高成熟度的样品不发育宏孔隙；李贤庆等（2016）综合运用气体吸附法以及高压压汞法对黔西地区下寒武统牛蹄塘组和下志留统龙马溪组页岩的微观孔隙结构进行了定量表征，实现了页岩孔径从微孔隙、介孔到宏孔隙的全孔径表征。宁传祥等（2017）分析了核磁共振方法和高压压汞方法测量致密储层孔隙空间的差异，并利用这种差异性确定了连通孔隙以及非连通孔隙的分布状况。

第二节　川南海相页岩储层孔隙结构类型

一、场发射扫描电镜

为了能够观察到页岩纳米尺度孔隙结构特征，本书采用高分辨率的场发射扫描电子显微镜观察页岩孔隙。为了方便观察，首先将页岩样品制成约 5mm×5mm×3mm 的样块（图 4-3），待观察的表面使用 IM 4000 离子抛光机进行氩离子抛光处理，并在表面镀上一层金膜，以增强岩石的导电性，从而形成清晰的图像，然后将样品用导电胶粘在样品台上进行观察。实验仪器型号为荷兰生产的 FEI Quanta 200F 高分辨率场发射扫描电镜，其加速电压为 200V～30kV，放大倍率 25～200000，分辨率可达 1.2nm。

图 4-3　氩离子抛光处理的页岩样品

通过对 12 个样品的扫描电镜观察，获得页岩样品典型电镜图片 252 幅。根据得到的扫描电镜图像，对蜀南地区五峰—龙马溪组页岩微观孔隙形态特征以及分布特征进行研究，参考 Loucks 等对页岩孔隙类型的分类标准（2012），将研究区龙马溪组的纳米级页岩孔隙分为三类：有机质孔隙、粒内孔隙和粒间孔隙。

1. 有机质孔隙

有机质孔隙是发育在有机质颗粒内部的孔隙，随着成岩演化的进行，固体干酪根向烃类流体转化，从而在干酪根内部形成大量次生孔隙（何建华等，2014）。研究区龙马溪组富有机质页岩中广泛发育有机质孔隙（图 4-4），孔隙呈蜂窝状、圆形以及椭圆形（图 4-4a、b、d、h）。有机质孔隙大小差异较大，微观非均质性较强，有些孔隙孔径相对较大（图 4-4b、h），有些孔隙的孔径则非常小，肉眼难以识别（图 4-4c）。孔隙边缘较光滑，说明有机质孔隙受后期压实作用的影响较小，有机质孔隙形成于干酪根热裂解时期，此时固结成岩作用已经完成，加上有机质颗粒周边脆性矿物对孔隙起到了一定的支撑作用，使得有机质孔隙得以保存。有机质孔隙构成了研究区富有机质页岩主要的孔隙连通网络，为页岩气提供了大量的吸附和储存空间。

2. 粒内孔隙

粒内孔隙在研究区富有机质页岩中主要呈现两种类型：一类是碳酸盐岩颗粒内部的次生溶蚀孔隙（图 4-4d、f、g、i）。有机质生烃过程中形成的有机酸对方解石这类易溶矿物产生溶蚀作用，形成溶蚀孔隙。这类孔隙多呈椭圆形及不规则形等，孔隙之间的连通性较差；另一类是草莓状黄铁矿的晶间孔（图 4-4a、d、h）。草莓状黄铁矿形成于缺氧的沉积环境，直径一般为 3μm，由许多小的黄铁矿晶体组合而成，晶间孔隙多呈不规则状，连通性较差，部分较大的孔隙被有机质充填，并在有机质内部形成有机质孔隙（图 4-4d）。

3. 粒间孔隙

粒间孔隙也主要呈两种类型：一类是脆性矿物边缘的粒间孔隙（图 4-4b、h），这类孔隙主要是由于脆性矿物和塑性矿物的差异压实造成的，脆性矿物的存在使得塑性矿物发生弯曲，也阻止了塑性矿物的进一步压实，从而在脆性矿物的边缘形成这类狭缝型或月牙型粒间孔隙，脆性矿物颗粒较大时则有可能形成微裂缝（图 4-4a），对页岩气的渗流起到促进作用；另一类是黏土矿物间的孔隙（图 4-4e），这类孔隙在页岩样品中较少见，通常情况下由于压实作用，黏土矿物间的孔隙消失殆尽（图 4-4a、g）。孔隙的形成与黏土矿物在成岩过程中的转化有关，研究区龙马溪组页岩中的黏土矿物主要是伊利石和伊/蒙混层，在蒙皂石向伊利石转化的过程中，矿物体积缩小，形成狭缝型孔隙。

对于氩离子抛光得到的扫描电镜图像，使用在医学领域常用的 ImageJ 软件对图像数据进行处理，以期得到页岩储层孔隙的定量分布。

通常所说的绘图图像一般有 0~255 共 256 个级别，0 为黑，255 为白。将灰度图像转化为只有 0 和 255 的图像（非黑即白）即为图像的二值化处理。这其中最关键的是截断值 T 的选取，为了获取准确的灰度截断值，首先观察图像中孔隙的分布，根据孔隙部分的分布范围初步选择截断值，再对 T 进行微调，最后选取截断值 T 为 50，得到了孔隙的二值化分布（图 4-5）。

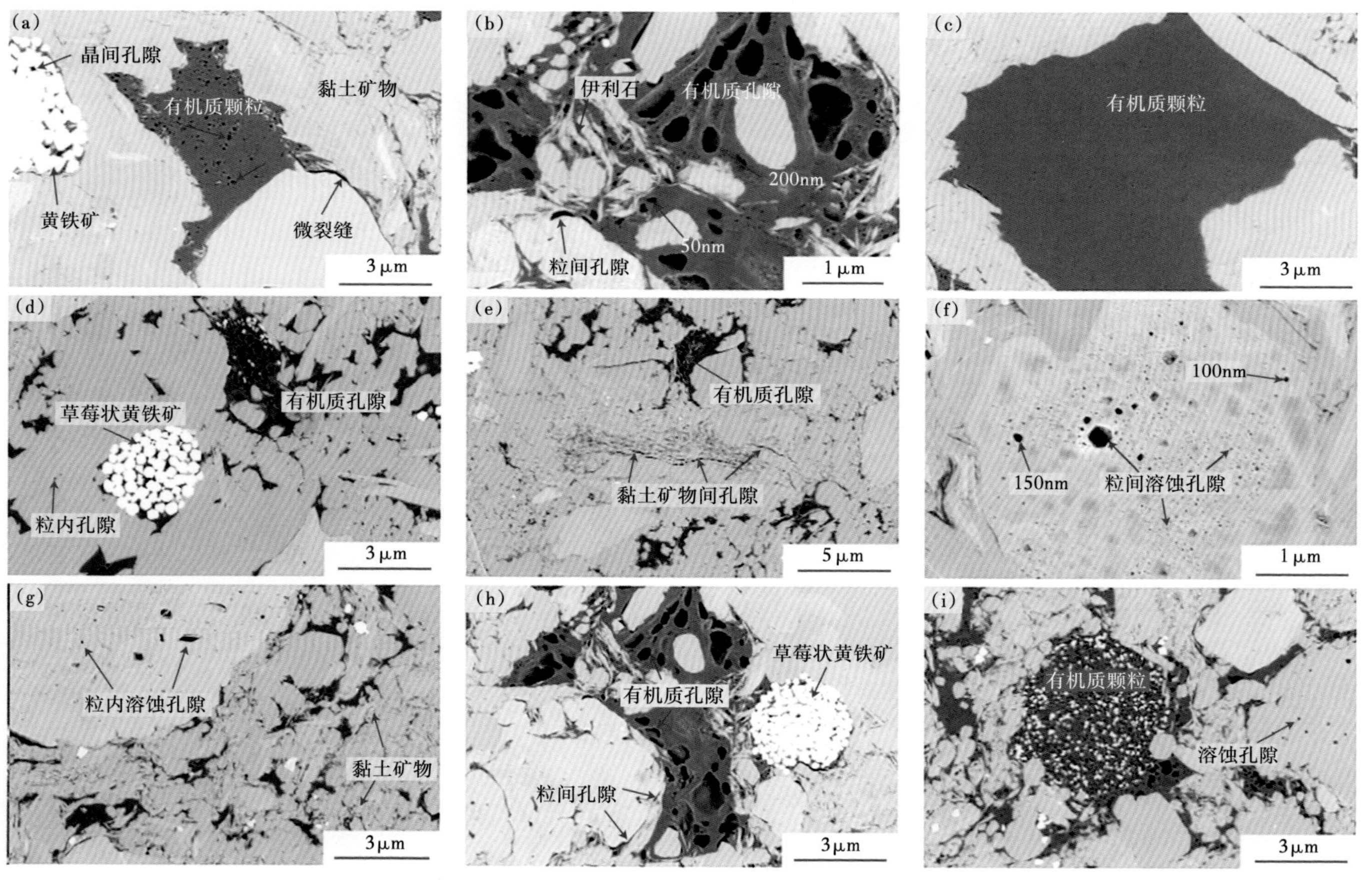

图 4-4　龙马溪组富有机质页岩 FE-SEM 镜下微观孔隙结构特征

(a)有机质孔隙，黄铁矿晶间孔、微裂隙；(b)有机质孔隙、粒间孔隙，视域内有机质孔隙大小差别较大，大孔隙呈蜂窝状；(c)有机质颗粒中发育孔径极小的孔隙；(d)黄铁矿晶间被有机质充填，并发育有机质孔隙，视域内发育碳酸盐颗粒内溶孔；(e)发育有机质孔隙以及黏土矿物间狭缝状孔隙；(f)粒间溶蚀孔隙，非均质性较强，孔隙截面呈圆形；(g)不规则状粒内溶蚀孔隙，黏土矿物间不发育孔隙；(h)蜂窝状有机质孔隙，草莓状黄铁矿；(i)整颗草莓状黄铁矿被有机质充填，并发育有机质孔隙

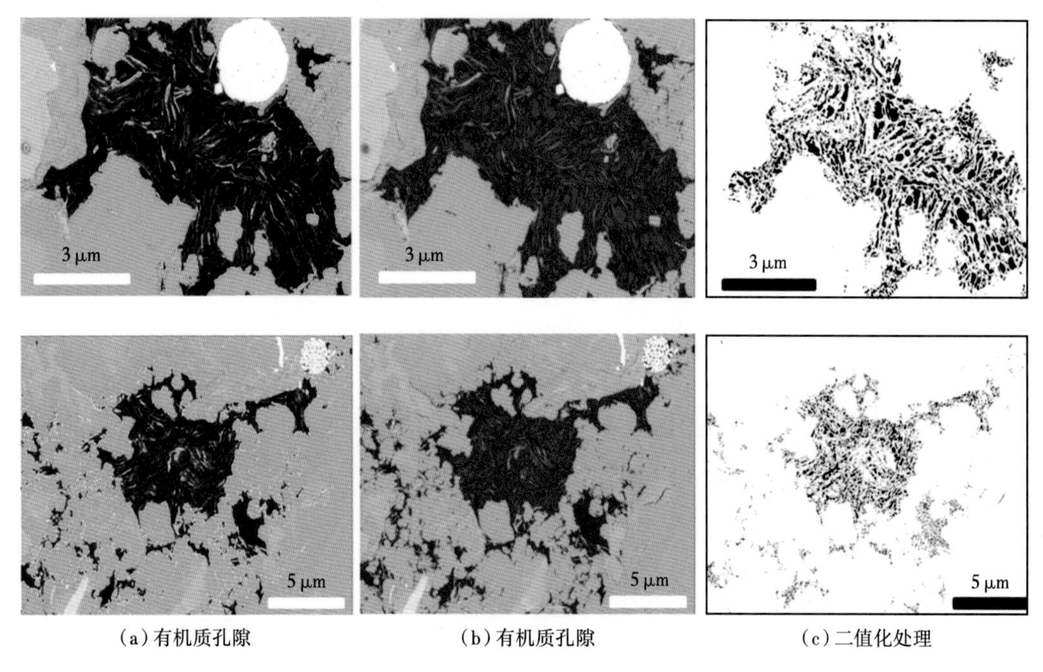

（a）有机质孔隙　　（b）有机质孔隙　　（c）二值化处理

图 4-5　龙马溪组页岩样品孔隙分布图像

在得到页岩样品孔隙二值化图像后，利用 ImageJ 软件可以定量计算出孔隙数目、孔隙半径等储层评价参数。研究区两个页岩样品的孔径分布统计见图 4-6。由图可知，龙马溪组页岩有机质孔隙直径主要分布在 100～500nm 之间。由于扫描电镜图像分辨率的问题，很难呈现小于 100nm 以下的孔隙分布。

二、大面积高分辨率背散射成像（MAPS）

在开展页岩储层微观孔隙结构定量表征时，受页岩沉积物颗粒细小、储层致密和有机质发育影响，面临分辨率和视域范围不能兼顾的问题，即分辨率高但视域范围小和数据代表性差，视域范围大时但分辨率低，所得数据准确性低，传统扫描电镜方法难以满足页岩纳米级孔隙研究的需要，导致开展页岩储层微观孔隙结构二维定量评价难以实现。为解决该技术难题，针对传统扫描电镜精度高但视域小问题，通过扫描电镜定位纵横向连续拍摄，在 0.8mm×0.8mm 范围内大致完成 40 排×36 列拍摄，完成 1440 张多图拼接（图 4-7），形成大面积高分辨率背散射图像，利用灰度识别原理，获取有机质孔隙、有机缝、无机孔隙和无机缝的面孔率及其孔径分布。

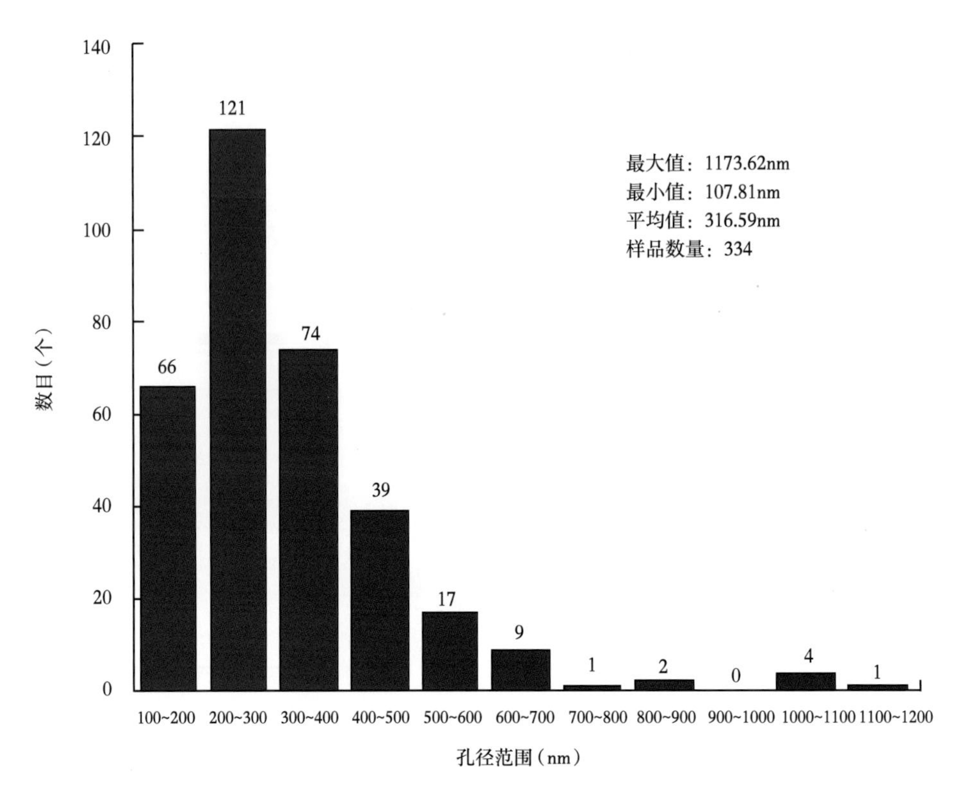

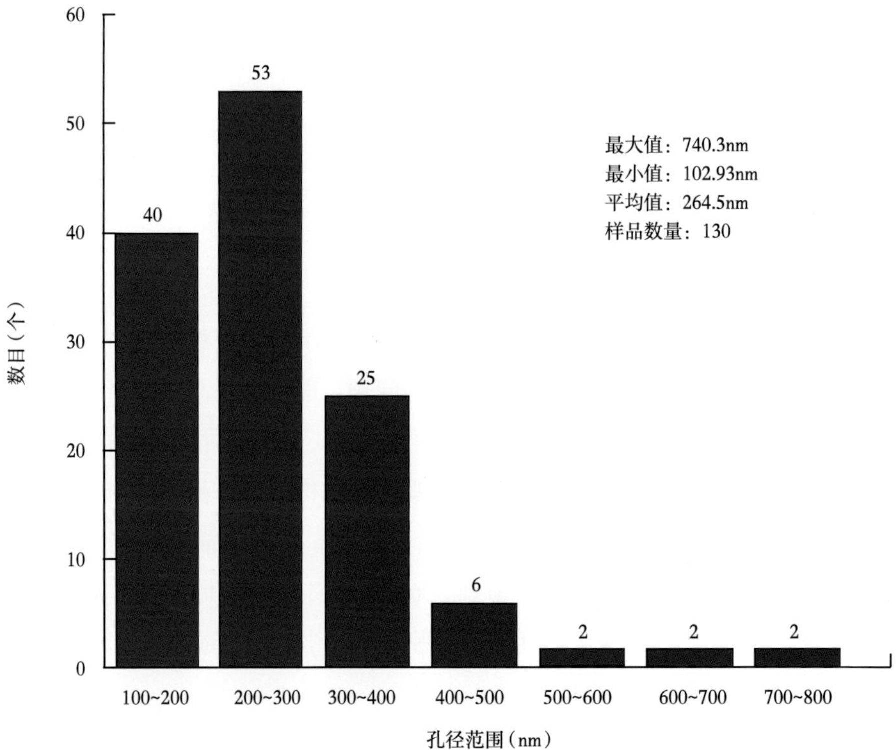

图 4-6　页岩样品孔径分布直方图

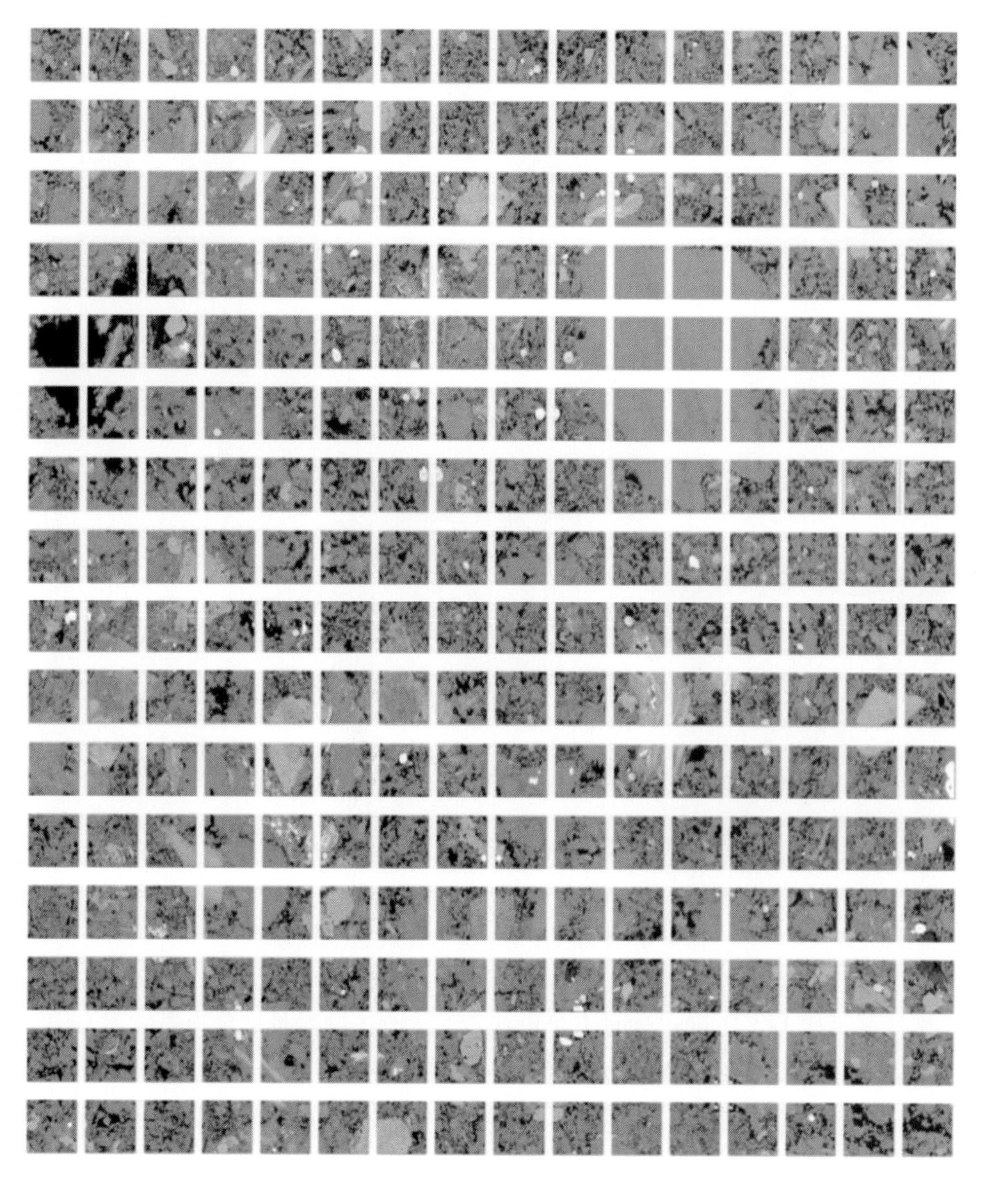

图 4-7　大面积高分辨率背散射成像(MAPS)多图拼接示意图

三、聚焦离子束扫描电镜(FIB-SEM)

聚焦离子束电镜扫描(FIB-SEM)是在场发射电镜中加入了与电子束呈 52°夹角的镓离子束，离子束垂直于样品表面进行切割，电子束与样品表面呈 38°夹角扫描成像。由于离子束精细切割，表面平整度较高，所以成像分辨率较高。并且，通过设置单张切片的厚度而得到 10~20nm 厚的一系列连续切片，通过后期软件重组得到三维的体结构（图 4-8），从而可以量化孔隙、有机质含量和连通性，进而可以基于建立的模型进行计算、模拟。

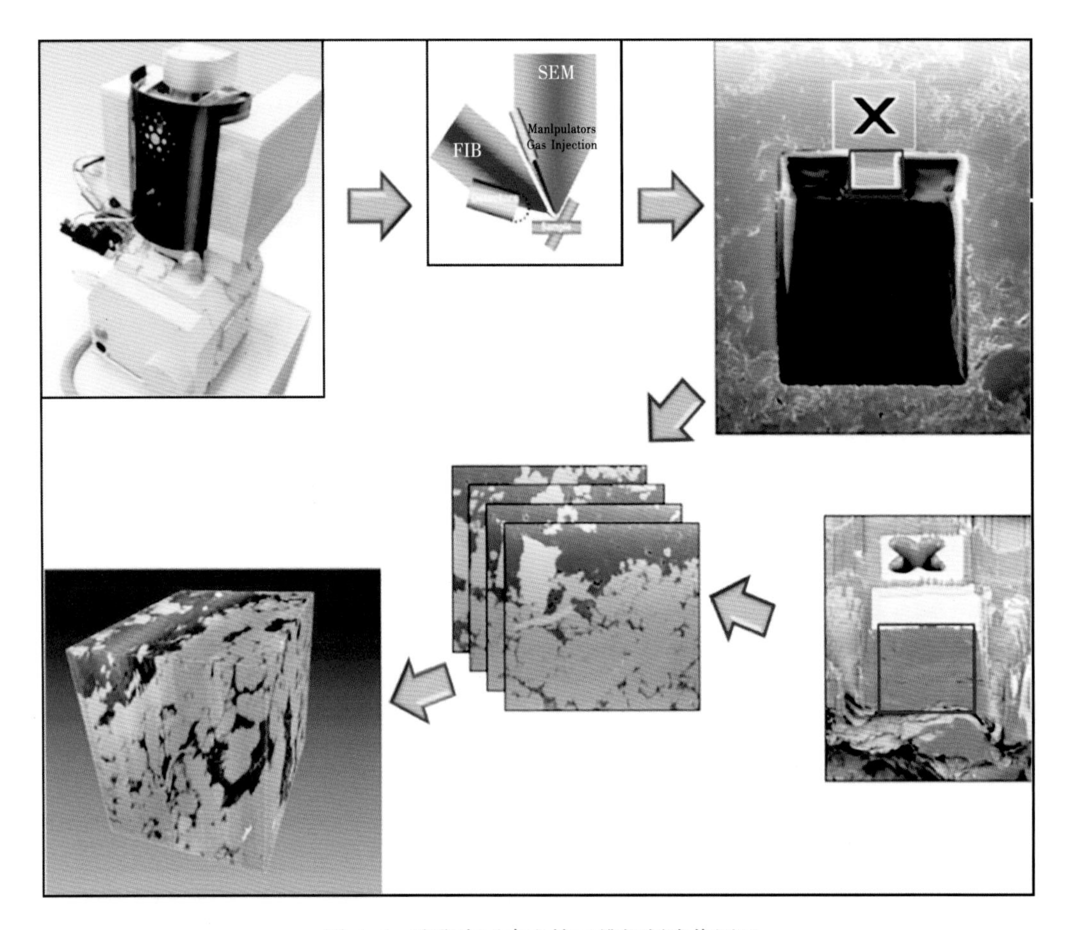

图 4-8　聚焦离子束电镜三维切割成像原理

本次实验采用 FEI Helios Nanolab 600i 场发射扫描(FESEM)/聚焦离子束(FIB)“双束”显微镜(图 4-9)，电子束加速电压：350V～30kV；Ga 离子枪，离子束加速电压：500V～30kV；分辨率：0.8nm（@30kV，STEM），0.9nm（@15kV，SE），1.4nm（@1kV，SE)；安装 Auto Slice&View 软件实现自动化离子束切割成像。

经过聚焦离子束 800 以上的连续切割，并使用电子成像技术得到一系列散射图像，每张图像代表了 10nm 厚的页岩。将这 800 张图像进行重构，就得到了页岩微观结构的空间分布(图 4-10)。

实验使用 Avizo Fire 软件对聚焦离子束扫描电镜得到的三维数据进行图像分割以及孔隙参数的计算。进行分割的原理主要是根据不同组分灰度值的差异，如黄铁矿等矿物灰度值最高，其他无机矿物次之，有机质灰度值较低，孔隙度灰度值最低，这样就可以根据灰度值的截断值，对不同组分进行分割提取，得到不同组分的三维分布(图 4-11)。灰度截断值的选取有一定的主观性，计算时需要结合对图像矿物成分的认知，尽量精确地调整各

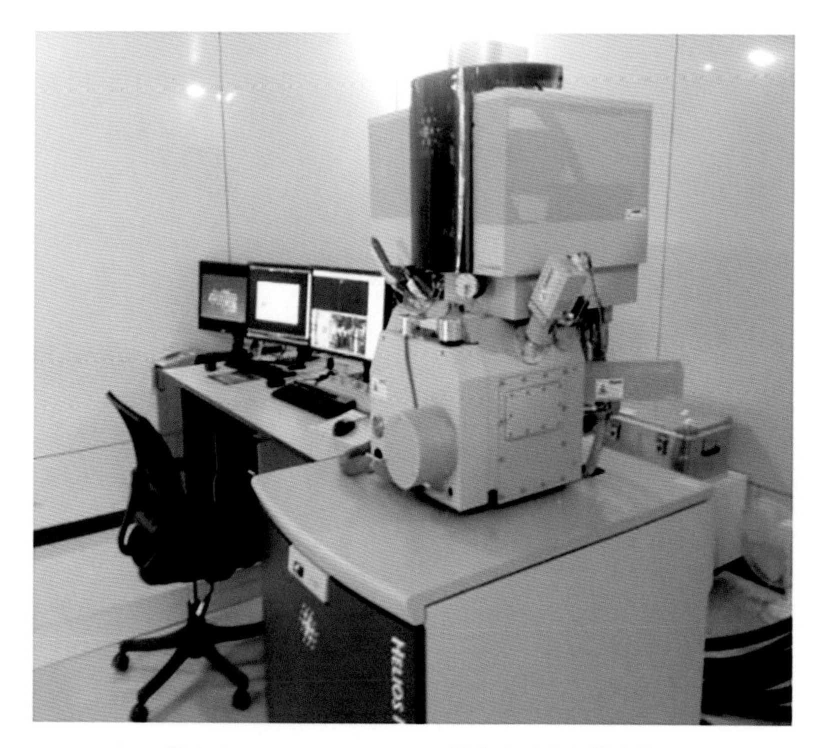

图 4-9　Helios NanoLab 600 聚焦离子束扫描电镜

图 4-10　FIB-SEM 重构的龙马溪组页岩样品三维分布

组分的截断值，以期将主观性降低到最低。

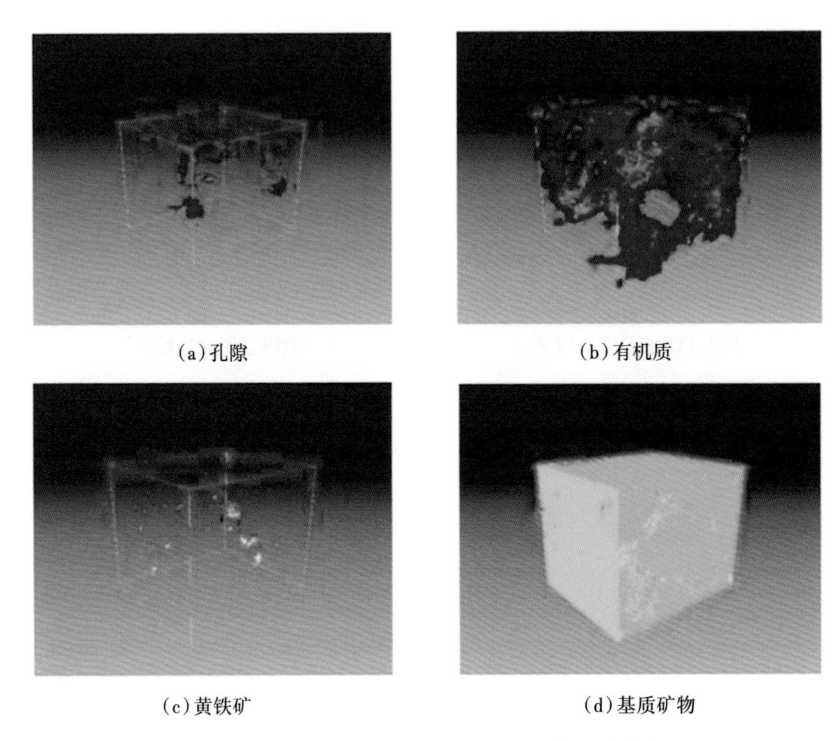

(a)孔隙　(b)有机质　(c)黄铁矿　(d)基质矿物

图 4-11　龙马溪组页岩样品不同组分三维分布

从页岩样品不同组分体积数据统计中(表 4-1)可以看出，该页岩样品观察三维区域孔隙体积占比 2.13%，有机质体积占比 4.95%，黄铁矿体积占比 0.06%，其他基质矿物体积占比 92.87%，进一步说明页岩主要是由基质矿物组成，储层较为致密。

表 4-1　页岩样品不同组分体积数据统计表

T 物质相	比例(%)	体积(nm^3)	x	y	z
孔隙	2.13	7.4967×10^{9}	11854.6	6708.38	7812.08
有机质	4.95	2.95809×10^{11}	11941.3	7662.80	8865.08
黄铁矿	0.06	3.57422×10^{9}	12292.0	9660.17	9426.75
灰色基质	92.87	5.67037×10^{12}	10206.5	8676.18	10894.00

本次实验还单独对有机质孔隙参数进行了提取，并根据孔隙分割结果，利用最大球法对样品孔隙网络进行了提取，如图 4-12 所示，球体颜色和大小代表孔隙直径的大小，杆表示页岩中的孔隙喉道。从图中可以看出，页岩中的有机质孔隙非常发育，且孔隙连通性较好，为页岩气的储存和流通提供了大量的孔隙空间。

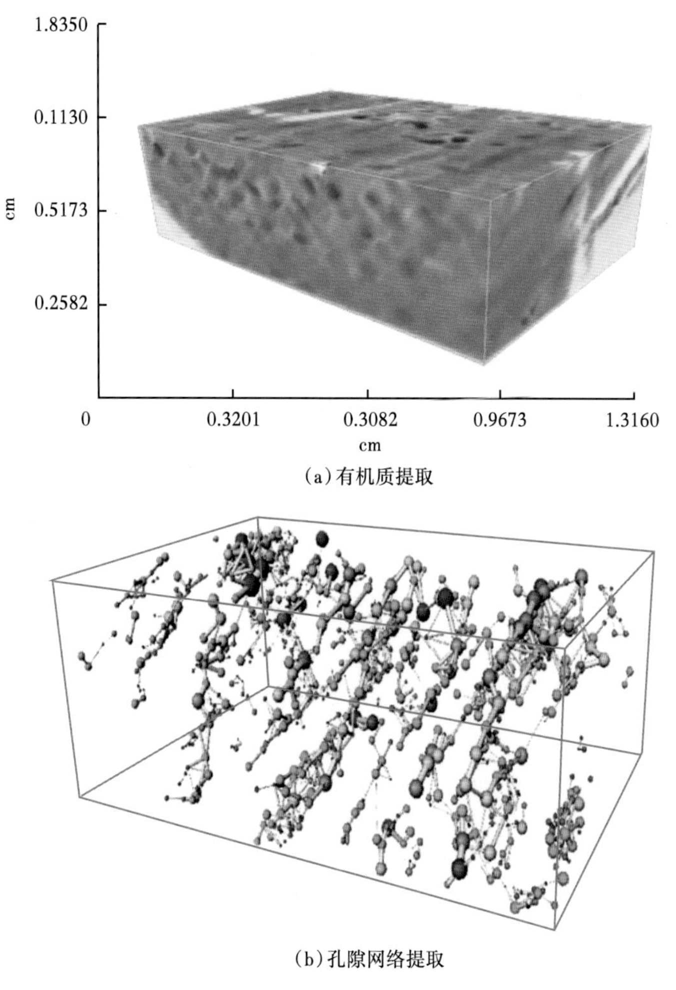

(a)有机质提取

(b)孔隙网络提取

图 4-12 龙马溪组页岩样品有机质孔隙及孔隙网络提取结果

为了定量评价富有机质页岩样品中有机质孔隙发育的分布特征，在孔隙网络提取的结果上，将球体直径大小进行数值化，其值大小近似为有机质孔隙直径的大小，即可以得到页岩样品中有机质孔隙的孔径分布数据(表 4-2)，并根据孔径分布数据作孔径分布直方图(图 4-13)。从有机质孔隙直径分布图来看，有机质孔隙直径分布在 35nm 以下，主要为 10~25nm。

表 4-2 龙马溪组页岩样品有机质孔隙直径分布数据

有机质孔隙半径(nm)	分布频率(%)
0	0
1.4	3.5
3.1	3.9

续表

有机质孔隙半径(nm)	分布频率(%)
4. 8	4. 0
6. 4	4. 6
8. 1	4. 2
9. 8	6. 2
11. 5	8. 1
13. 2	3. 7
14. 9	11. 1
16. 6	9. 6
18. 3	7. 5
20. 0	6. 2
21. 7	5. 0
23. 4	3. 5
25. 1	7. 5
26. 8	5. 7
28. 5	1. 5
30. 2	2. 8
31. 9	0. 5
33. 6	1. 0

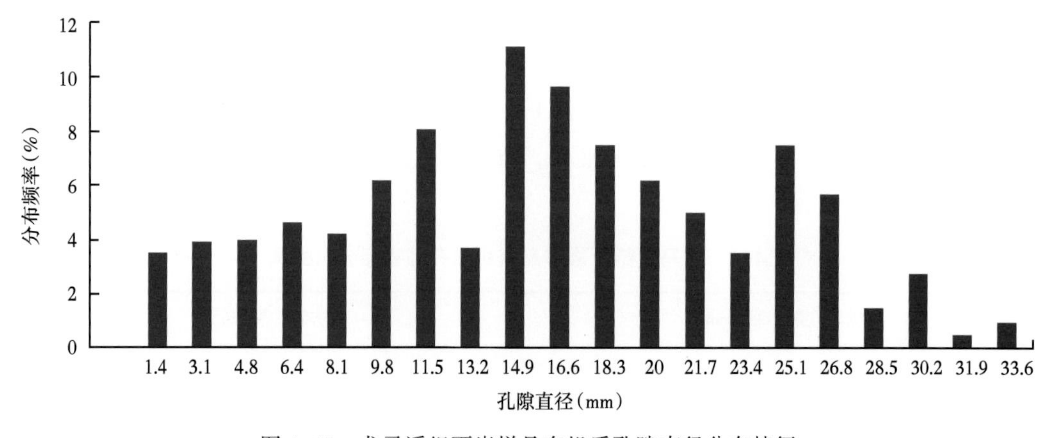

图 4-13　龙马溪组页岩样品有机质孔隙直径分布特征

第三节　川南海相页岩储层微观孔隙结构定量表征

气体吸附法作为一种常用的表征吸附材料孔隙结构的实验方法，越来越广泛地应用于煤层及页岩储层孔隙结构表征。气体吸附法的原理是以吸附质分子为探针，探测吸附量随相对压力变化的曲线(等温线)，并通过计算得到吸附剂材料的比表面积、孔隙体积、平均孔径、孔径分布等孔隙结构参数。其中，最常用的吸附质为氮气分子，其次为二氧化碳分子。二氧化碳分子主要适用于孔径小于1nm的窄微孔隙的探测。氮气分子过去一直作为探测纳米级孔径(小于100nm)的理想吸附质分子，但是近年来研究表明，其在探测微孔隙方面存在明显不足，主要是在极低相对压力段，吸附等温线很难达到平衡。另外，由于四极距作用的存在，氮气分子会和吸附剂表面的功能团发生相互作用，从而影响了探测结果的准确性。2015年，国际纯粹与应用化学联合会在其年度报告中指出，对于既含有微孔隙又含有介孔的材料，推荐使用没有四极距作用的单原子分子氩作为吸附质分子进行低温吸附实验，表4-3列出了三种吸附质分子的特征参数。

表4-3　常用吸附质分子特征参数

吸附质	分子动力学直径(nm)	实验温度(℃)	优势探测范围(nm)	相对压力(p/p_0)范围	四极距作用
CO_2	0.33	0	0.4~1	0~0.03	有
N_2	0.36	−196	2~100	0~1	有
Ar	0.34	−185.5	0.5~100	0~1	无

一、等温吸附曲线

气体吸附法的原理是以吸附质分子为探针，探测吸附量随相对压力变化的曲线(等温线)，并通过计算得到吸附剂材料的比表面积、孔隙体积、平均孔径、孔径分布等孔隙结构参数。

气体吸附法是利用吸附质气体，在恒温下逐渐增大气体压力，测定页岩样品相应的吸附量，将吸附量和分压作图，就得到了等温吸附曲线，再逐渐降低压力，测定相应的脱附量，就得到了相应的等温脱附曲线。

等温吸附线是温度一定时气体吸附量与压力变化的函数曲线。等温吸附线的形态一定程度上反映吸附剂的孔隙结构特征。2015年，IUPAC在BDDT分类及Sing分类的基础上，规范等温吸附线的类型，将物理吸附等温线划分为六大类，八个亚类(图4-14)。其中，

Ⅰ型等温线为典型的 Langmuir 等温线，在相对压力较大时，由于微孔隙体积的限制，吸附量趋于饱和，故Ⅰ型等温线主要表现的是微孔隙材料的吸附特性。Ⅰ(a)型在低压时吸附量急剧增大，反映孔径极小，一般孔径小于 1nm，而Ⅰ(b)类孔径相对较大，大致为 1~2nm；Ⅱ型等温线表明吸附剂表面发生多层吸附，且吸附等温线和脱附等温线完全重合，在相对压力接近 1 时没有形成平台，无孔隙或者大孔隙吸附剂的等温线通常为Ⅱ型，吸附剂和吸附质之间的相互作用较强；Ⅲ型等温线总体表现为在低压区吸附量非常低，在高压区吸附量急剧增大，Ⅲ型等温线也反映无孔隙或大孔隙材料，但吸附剂和吸附质之间的相互作用较弱；Ⅳ型等温线为典型的介孔材料特征，在低压段发生单层吸附，在中等压力段发生毛细管凝聚作用，在高压段吸附饱和，其中Ⅳ(a)形成回滞环，说明孔隙宽度超过一定的临界宽度，Ⅳ(b)没有形成回滞环，是具有较小宽度的介孔材料；Ⅴ型等温吸附线低压段与Ⅲ型等温线相似，说明吸附剂和吸附质相互作用较弱，回滞环的存在表明是介孔材料；Ⅵ型等温线表现为台阶状的可逆吸附，吸附质分子在吸附剂表面有序吸附，这类吸附等温线不常见。需要说明的是，实际上吸附剂大多是非均质材料，孔径分布不均匀，故通常得到的等温吸附线是这六大类的不同组合。

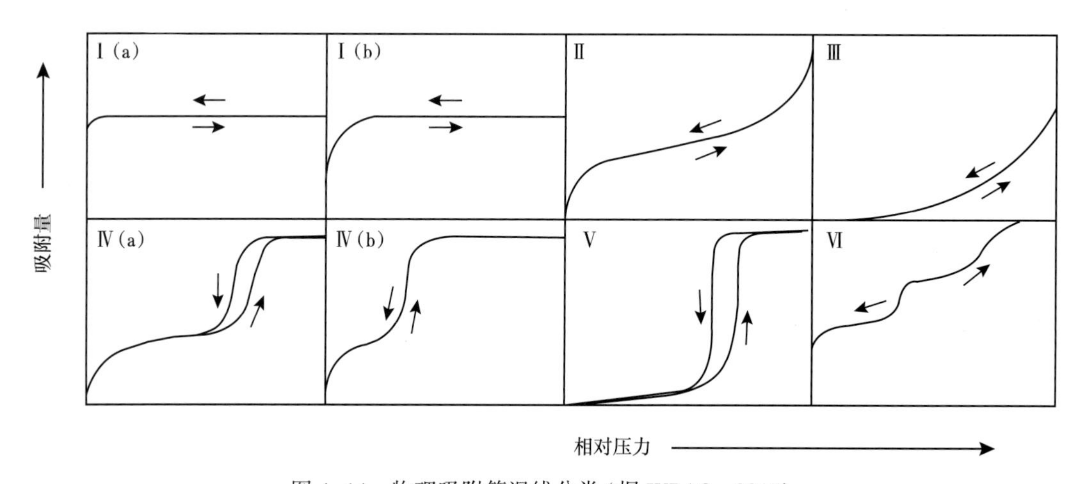

图 4-14　物理吸附等温线分类(据 IUPAC，2015)

回滞环的形态一定程度上反映多孔材料的孔隙形态。2015 年，IUPAC 将回滞环分为五类(图 4-15)，其中，H1 型回滞环陡峭狭窄，对应于孔径分布较窄的圆柱形介孔；H2 型回滞环为复杂的孔隙结构，其中，H2(a)型为孔径窄的墨水瓶状介孔，H2(b)型为孔径宽的墨水瓶状介孔；H3 型回滞环呈细长形，对应于狭缝型介孔或大孔隙；H4 型回滞环在低压段吸附量较大，而高压段吸附量较小，对应于狭缝型微孔隙—介孔；H5 型回滞环比较少见，部分孔道被堵塞的介孔中会形成这样的回滞环。

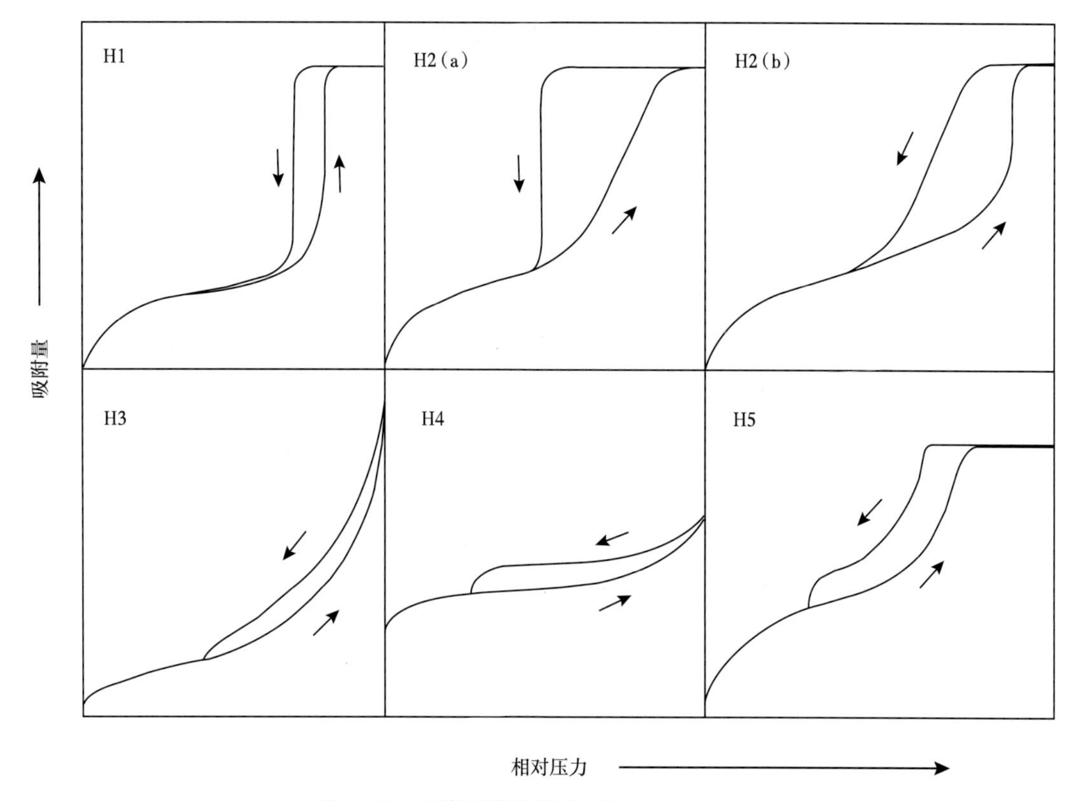

图 4-15　吸附回滞线类型(据 IUPAC，2015)

二、实验仪器与实验方法

二氧化碳、氮气以及氩气是吸附材料领域应用较为广泛的三种探针介质，三种气体分子在分子属性、实验条件、探测范围等方面存在一定的差别。二氧化碳分子主要适用于孔径小于 1nm 的窄微孔隙的探测。氮气分子过去一直作为探测纳米级孔径(小于 100nm)的理想吸附质分子，但是近年来研究表明，其在探测微孔隙方面存在明显不足，主要是在极低相对压力段(约 1×10^{-7})，吸附等温线很难达到平衡。另外，由于四极距作用的存在，氮气分子会和吸附剂表面的功能团发生相互作用，同样影响了探测结果的准确性。

考虑到上述原因，本次实验分别进行低温二氧化碳吸附实验、低温氮气吸附实验以及低温氩气吸附实验，以比较三者测试结果的差异，并进行优选。

低温吸附实验使用美国康塔公司生产的 Autosorb IQ 比表面积和孔径分析仪(图 4-16)。实验前将样品制成 60~80 目的粉样，并经过 8 小时 110℃的高温抽真空处理，以去除样品表面的杂质。

图 4-16　比表面积和孔隙度分析仪

1. 低压二氧化碳吸附

二氧化碳吸附实验温度为 273K，与其他两个吸附质相比，二氧化碳吸附实验能够迅速达到吸附平衡。图 4-17 为页岩样品的二氧化碳吸附等温线。根据 IUPAC 的分类，CO_2 气体在 273K 温度下的等温线实际上是Ⅱ型等温线的低压部分，吸附量的多少反映微孔隙体积的大小。根据 DR 模型计算结果，微孔隙比表面积介于 9.467～26.308m^2/g，孔体积介于 0.003～0.009cm^3/g，孔体积与比表面积呈正比（表 4-4）。不同样品孔隙结构参数值相差较大，W11 样品 TOC 质量分数最高，其微孔隙比表面积也高达 26.308m^2/g。微孔隙平均孔径为 0.844～0.876nm，吸附能为 29.687～30.799kJ/mol，平均孔径越小的样品，孔壁与 CO_2 气体之间的相互作用势越大，CO_2 被更强地吸附，其吸附能也就越大。

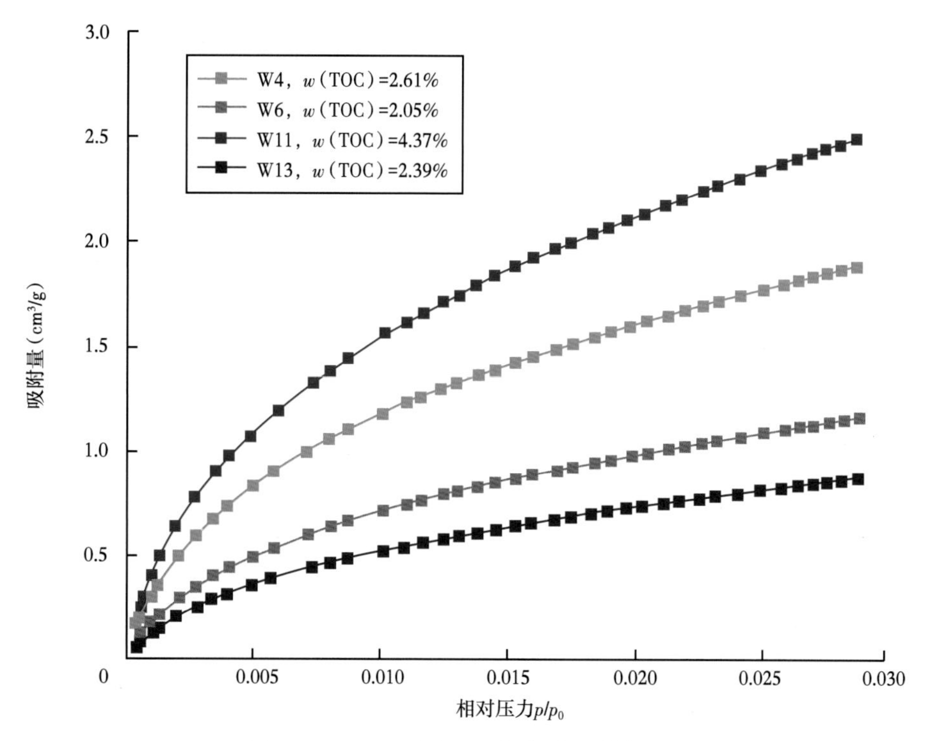

图 4-17 273K 温度下二氧化碳吸附等温线

表 4-4 二氧化碳低压气体吸附实验结果

样品编号	孔体积（cm^3/g）	比表面积（m^2/g）	平均孔径（nm）	吸附能（kJ/mol）
W4	0. 006	19. 432	0. 844	30. 799
W6	0. 004	12. 182	0. 855	30. 413
W11	0. 009	26. 308	0. 857	30. 345
W13	0. 003	9. 467	0. 876	29. 687

根据 NLDFT 方法得到微孔隙的孔径分布（图 4-18），由图可以看出，孔径分布呈三峰特征，主峰分布在 0. 4nm、0. 6nm、0. 8nm 处，甲烷的分子动力学直径为 0. 38nm，故这些微孔都可以作为甲烷分子的储存空间。低压 CO_2 吸附的探测孔径上限为 1. 5nm，且当孔径大于 1. 0nm 后，孔径分布特征不明显。

2. 低压氮气吸附

低压氮气吸附实验温度为 77. 4K，页岩样品等温线如图 4-19 所示，依据 IUPAC（2015）对等温吸附线的最新分类，蜀南地区页岩样品的氮气等温吸附线属于Ⅳ（a）型等温

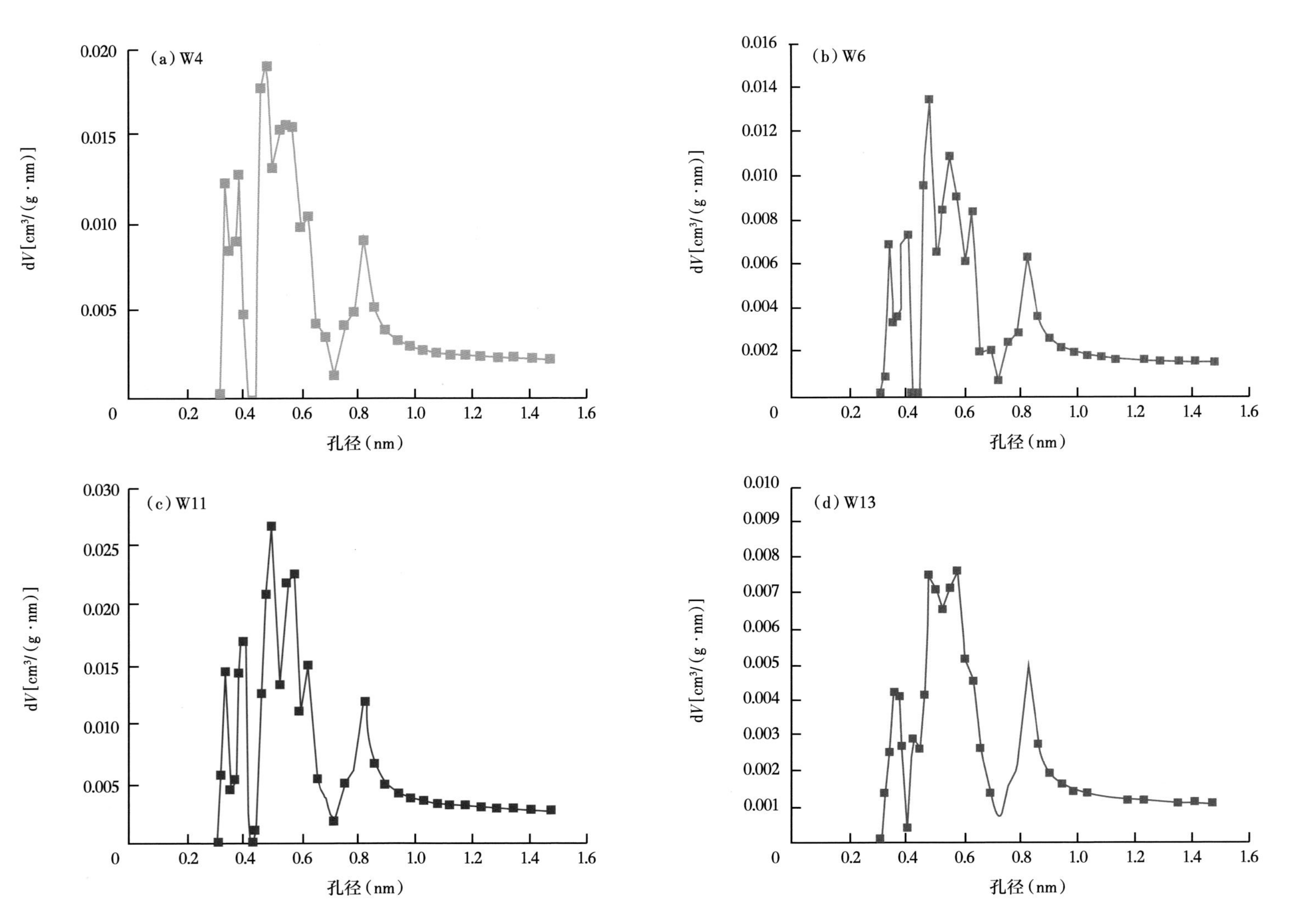

图4-18　龙马溪组页岩样品微孔隙孔径分布

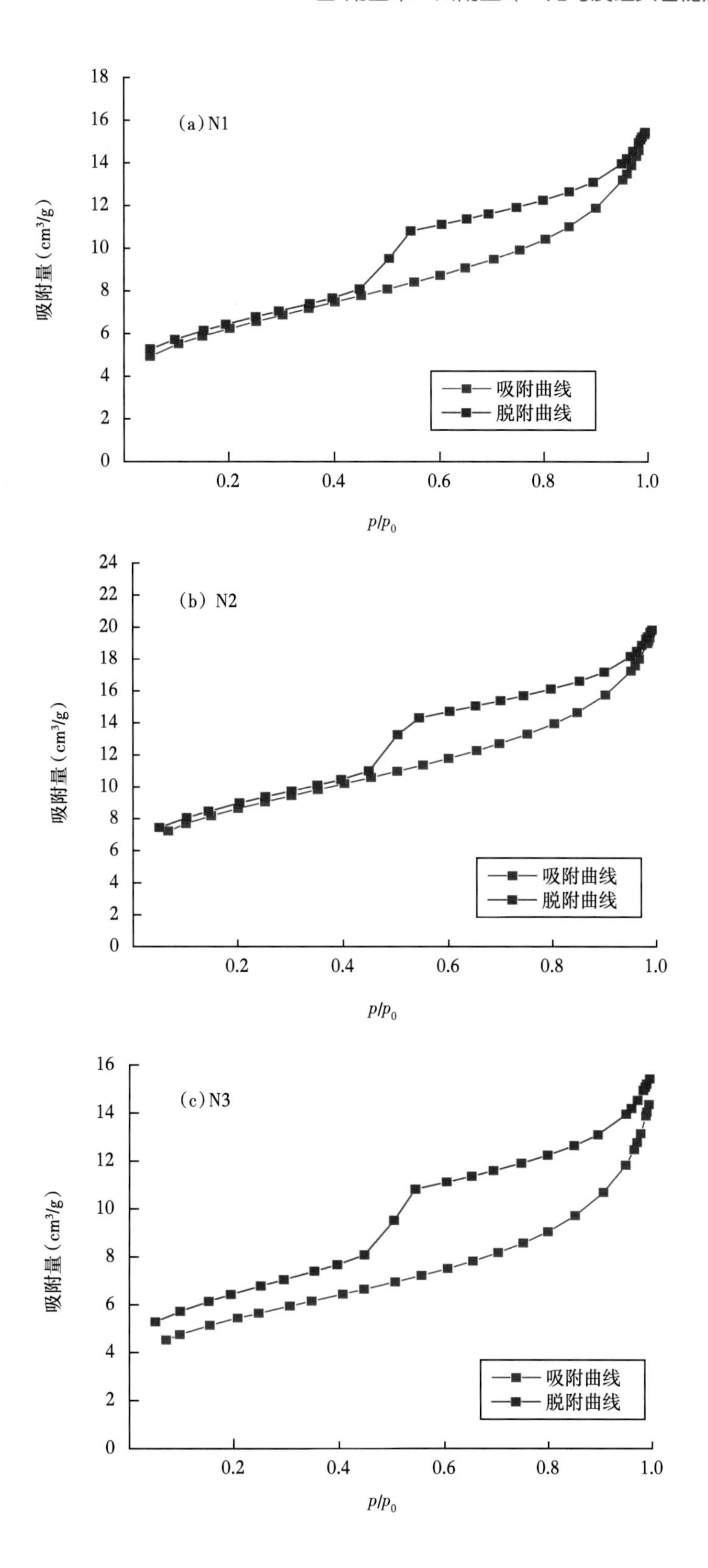

(a) N1
(b) N2
(c) N3
吸附量（cm³/g）
p/p0
吸附曲线
脱附曲线

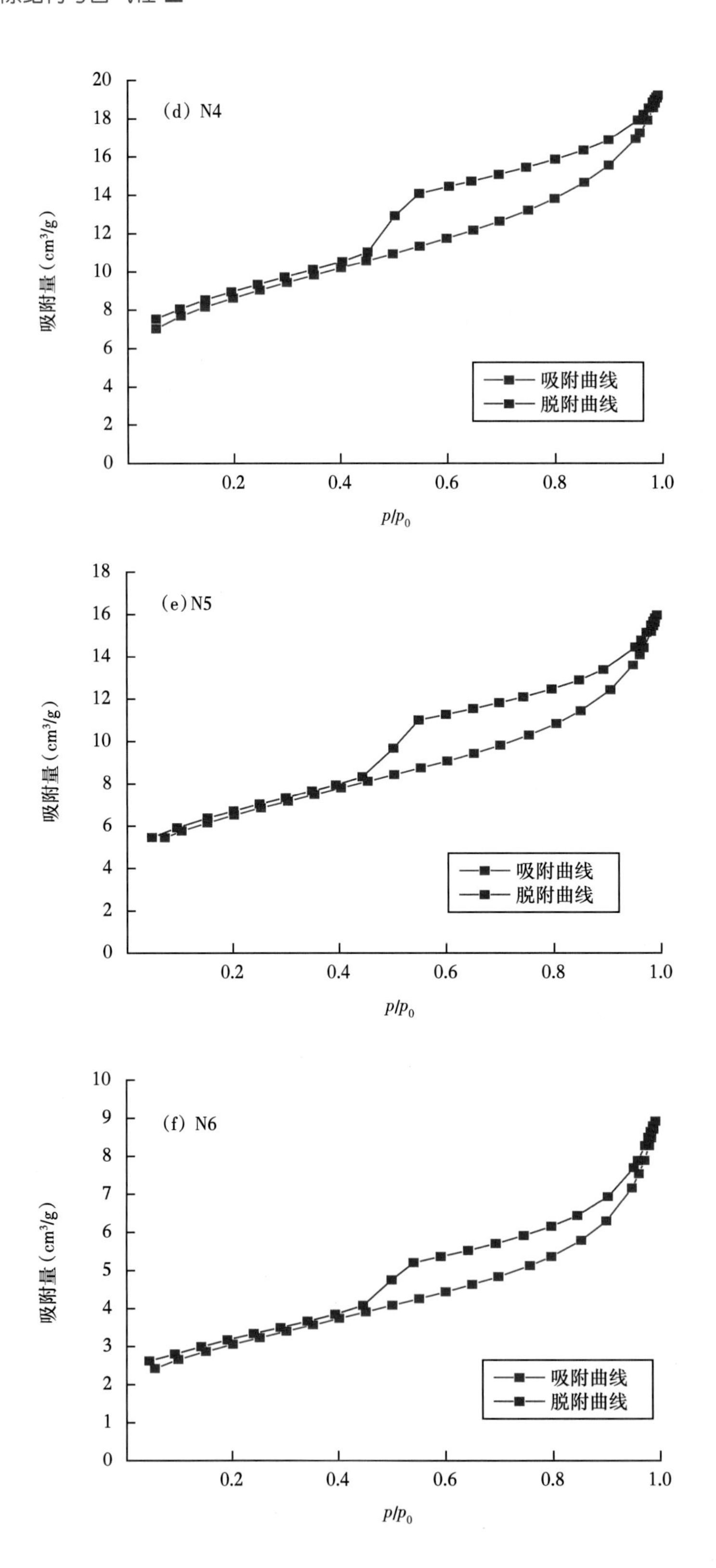
(d) N4
吸附量(cm³/g)
吸附曲线
脱附曲线
p/p0
(e) N5
吸附量(cm³/g)
吸附曲线
脱附曲线
p/p0
(f) N6
吸附量(cm³/g)
吸附曲线
脱附曲线
p/p0

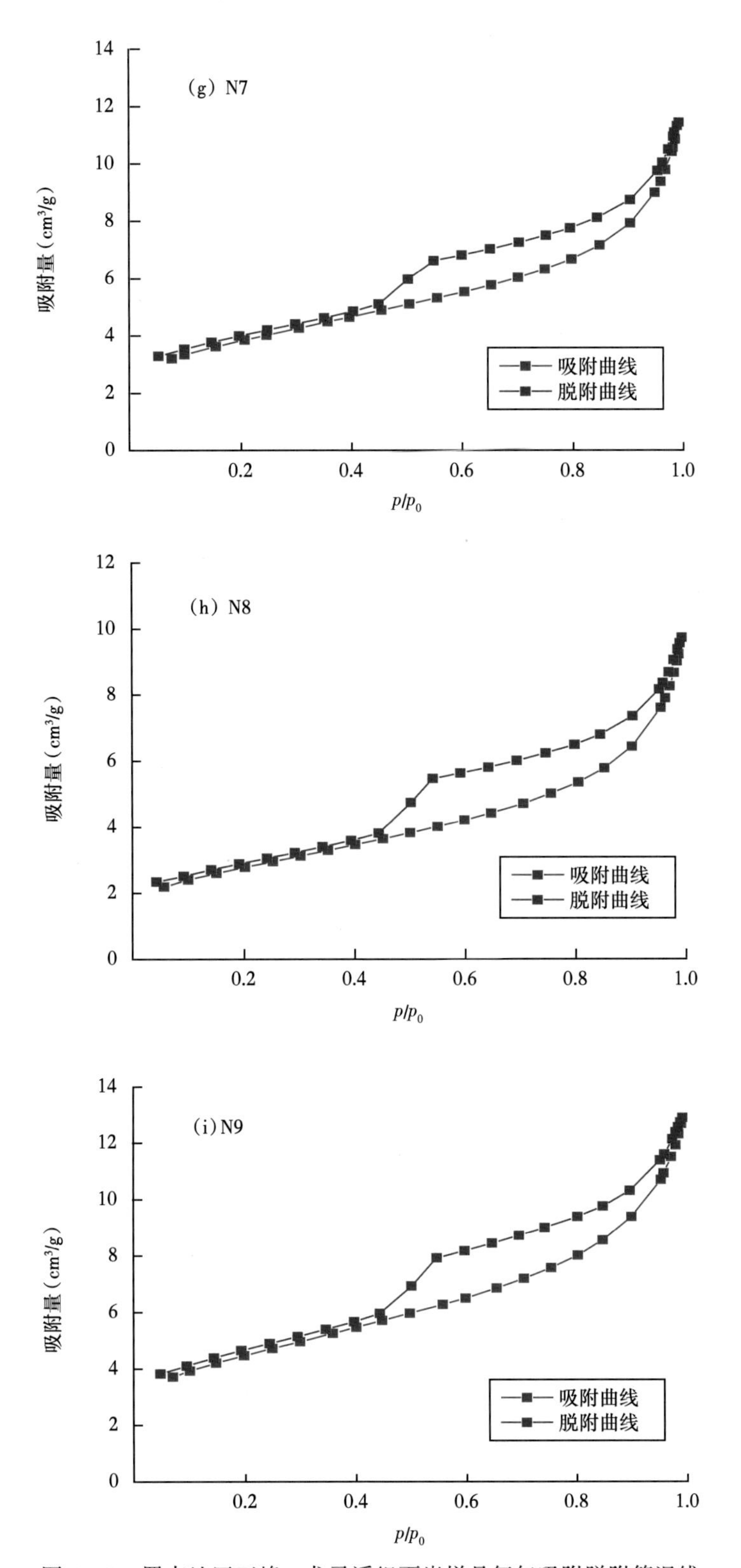

图 4-19　蜀南地区五峰—龙马溪组页岩样品氮气吸附脱附等温线

线。等温线整体呈反“S”形，在相对压力 $p/p_0>0.45$ 后，吸附进入毛细管凝聚阶段，吸附等温线和脱附等温线不重合，形成回滞环，回滞环的形态反映了吸附剂的孔隙结构特征。根据 IUPAC 对回滞环的分类，页岩样品的吸附回滞环近似 H4 型，反映了纳米级孔隙形态呈狭缝型，其回滞环较小，在 p/p_0 低段有明显的吸附量，与微孔隙充填有关。样品 N3 在低压段出现吸附等温线和脱附等温线不重合的现象，塑性孔隙的膨胀或者氮气分子在极小孔隙（与分子大小相当）孔隙中的不可逆吸附都会导致低压区的不闭合现象。

采用 BET 方程计算页岩样品比表面积。当相对压力（p/p_0）介于 0.05~0.35 时，氮气吸附量与 p/p_0 符合多层吸附 BET 方程：

$$\frac{p}{V(p_0-p)}=\frac{1}{V_m C}+\frac{p(C-1)}{p_0 V_m C} \tag{4-1}$$

式中 V——实验吸附量，cm^3/g；

V_m——单分子层的饱和吸附量，cm^3/g；

p——实验压力，MPa；

p_0——实验温度下氮气的饱和蒸气压，0.1MPa；

C——与样品吸附能力有关的常数。

在得到实验吸附量 V 后，将 $p/[V(p_0-p)]$ 对 p/p_0（$0.05<p/p_0<0.35$）作图，得到直线斜率和截距值，从而计算得到单分子层饱和吸附量 V_m，最后根据式（4-2）计算得到页岩的比表面积：

$$A_s=\frac{V_m N a_m}{22400}\times 10^{-18} \tag{4-2}$$

式中 A_s——比表面积，m^2/g；

N——Avogadro 常数，6.022×10^{23}；

a_m——一个氮气分子在试样表面所占的面积，$0.162nm^2$。

采用 BJH 方程计算页岩样品的孔体积。当 $p/p_0>0.4$ 时，发生毛细凝聚现象，真实孔径半径由开尔文孔径和吸附层厚度组成，即：

$$r_p=r_k+t \tag{4-3}$$

$$r_k=-\frac{2\sigma V_L}{RT\ln(p/p_0)} \tag{4-4}$$

$$t=0.326\left[\frac{5}{\lg(p_0/p)}\right]^{1/3} \tag{4-5}$$

式中　r_p——孔隙半径，nm；

r_k——开尔文半径，nm；

t——吸附层厚度，nm；

σ——液氮的表面张力，8.9mN/m；

V_L——液氮的摩尔体积，34.64cm^3/mol；

R——气体常数，8.314J/(K·mol)；

T——绝对温度，77.4K。

平均孔径采用式(4-6)计算，计算公式如下：

$$r_a = \frac{\sum r_i V_i}{\sum V_i} \tag{4-6}$$

式中　r_i——根据 BJH 孔径分布得到的分段孔径，nm；

V_i——分段孔径对应的孔体积，mm^3/g。

研究区页岩样品孔隙结构参数见表4-5。实验结果表明，九个页岩样品 BET 比表面积介于9.16~26.81m^2/g，平均值为17.35m^2/g；BJH 孔体积介于10.69~22.31mm^3/g，平均值为16.70mm^3/g；平均孔径介于7.49~12.10nm，平均值为9.82nm。下部样品比表面普遍高于下部样品。

表4-5　页岩样品孔隙结构参数

样品编号	N1	N2	N3	N4	N5	N6	N7	N8	N9	均值
BET 比表面积（m^2/g）	19.70	26.80	16.89	26.81	20.40	9.84	12.20	9.16	14.36	17.35
BJH 孔体积（mm^3/g）	18.20	22.31	17.52	20.26	18.06	10.69	14.26	13.23	15.73	16.70
平均孔径（nm）	9.20	8.24	9.22	7.49	9.12	11.04	12.07	12.10	9.89	9.82

3. 低压氩气吸附

九个页岩样品的低压氩气吸附—脱附曲线如图4-20所示。从图中可以看出，九个页岩样品的等温吸附线具有很高的一致性，仅在吸附量上存在差别，整体上都呈反“S”形。根据经典的 BDDT 分类，等温吸附线属于Ⅱ型。在极低相对压力时(p/p_0<0.01)发生微孔隙充填，吸附曲线初始段明显上升，该阶段可以用来表征微孔隙的分布，本次实验在极低压力段对压力点进行了加密测试，以期求准页岩纳米级孔隙中微孔隙的分布；紧接着是单层吸附，在微孔隙被充满之后，氩气分子开始覆盖整个页岩孔隙表面，对应于吸附等温线膝盖式弯曲的部分(0.01<p/p_0<0.05)；单层吸附铺满后，多层吸附发生，吸附曲线进入相对平台区(0.05<p/p_0<0.40)，经典的 BET 理论就是在利用该阶段等温吸附线计算孔隙

的比表面积；当相对压力（p/p_0）大于0.4时，发生毛细管凝聚作用，孔道中的吸附气体转化为液体，可以通过开尔文方程描述这一过程，通过该方程量化平衡压力与毛细管尺寸的关系，从而可以计算孔隙分布。

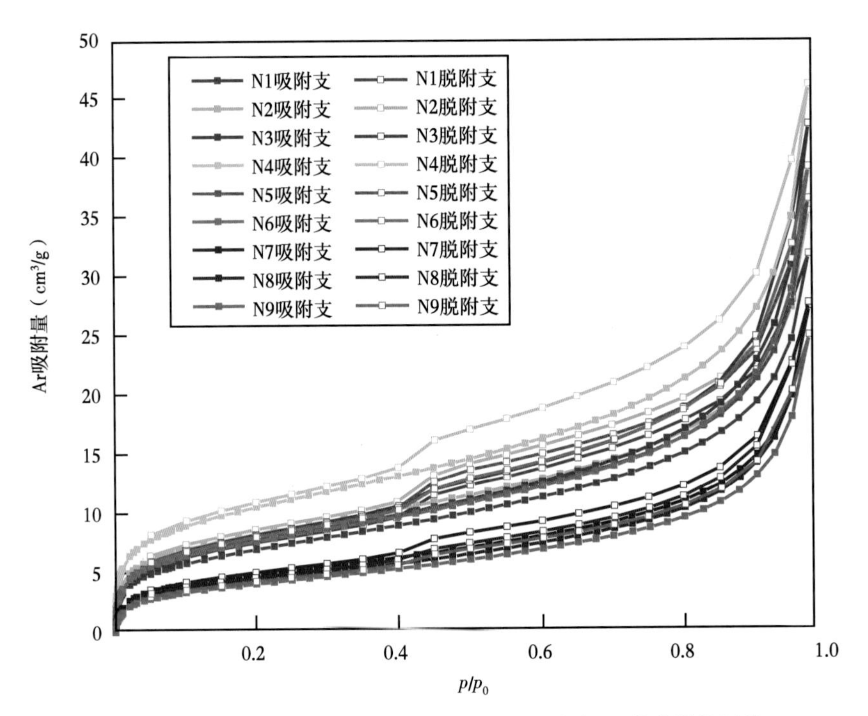

图4-20 蜀南地区五峰—龙马溪组页岩样品氩气吸附脱附等温线

从孔径分布图上可以看出（图4-21），通过DFT方法可以计算得到页岩孔隙0.5~100nm范围内的孔径分布。甲烷的分子动力学直径为0.38nm，0.5~100nm的孔隙都能够作为甲烷气体的储存空间。九个页岩样品具有相似的孔径分布特征，孔体积密度分布呈现多峰特征（图4-21a），微孔隙主峰位于0.8nm和1.8nm两个位置，介孔主峰位于5nm的位置；样品比表面积则主要由10nm以下的孔径贡献（图4-21b），且微孔隙（小于2nm）占据绝对优势。需要指出的是，$dV(d)$表示孔体积对孔径的微分，$dS(d)$表示比表面积对孔径的微分，这种计算方法有利于放大微孔隙在所有孔径中的分布特征，而缩小介孔以及宏孔隙的分布特征。

根据DFT的解释结果（表4-6），蜀南地区龙马溪组页岩样品总孔体积为0.050~0.092cm³/g，平均值为0.072cm³/g，总比表面积为16.846~63.738m²/g，平均值为34.920m²/g。本次实验得到的孔体积和比表面积值明显大于上文对同一地区龙马溪组页岩运用低压氮气吸附实验得到的结果。究其原因，主要是因为低压氮气吸附实验主要针对的是介孔的测量，尤其是在使用BET模型计算比表面积时，无法得到微孔隙对比表面积的贡

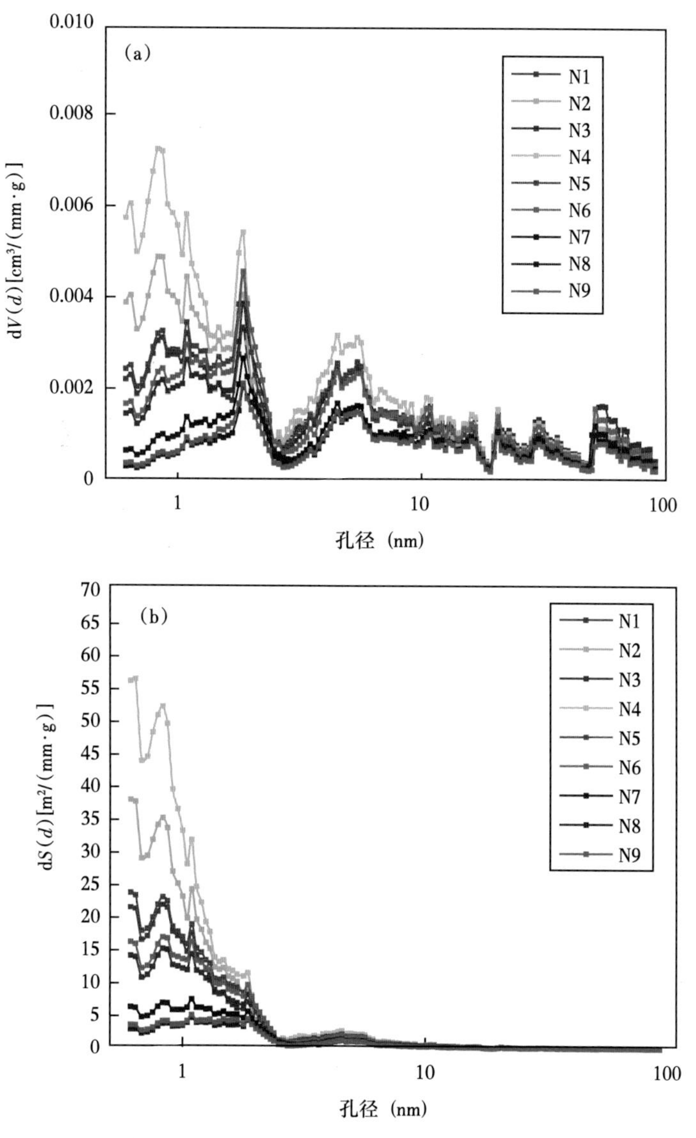

图 4-21　基于 DFT 方法的页岩孔径分布特征

(a)孔体积分布；(b)比表面积分布

献，而微孔隙对页岩吸附能力的贡献不可忽略。

将九个页岩样品的孔体积和比表面按照微孔隙、介孔以及宏孔隙进行分类统计(图 4-22，表 4-6)。可以发现，介孔和宏孔隙贡献了龙马溪组页岩主要的孔隙体积，两者孔隙体积占样品总孔体积的 91.9%~97.7%，平均值为 94.9%，微孔隙对页岩孔隙体积的贡献在 10%以内；而比表面积统计表明，龙马溪组页岩主体的比表面积由微孔隙和介孔贡献，其中，微孔隙比表面积为 5.69~43.962m^2/g，平均值为 19.682m^2/g，微孔隙贡献了 32.4%~

69.0%的比表面积，介孔比表面积为 9.277～17.691m^2/g，平均为 13.461m^2/g，介孔贡献了 27.8%～58.5%的比表面积。对于 TOC 大于 2%以上的样品（N1—N6），微孔隙比表面积的贡献均在 45%以上，尤其是 TOC 最高的 N4 样品，微孔隙贡献了 69%的比表面积。

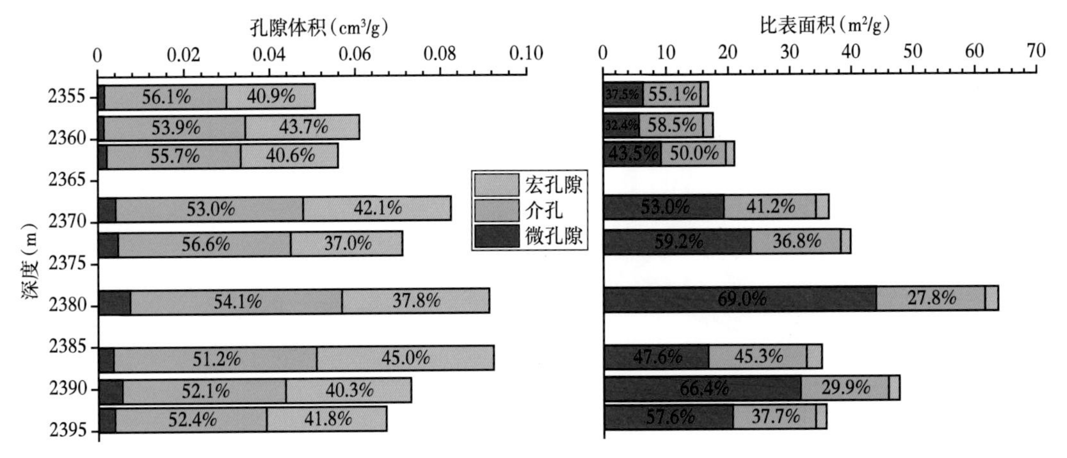

图 4-22　孔隙体积和比表面积分布堆积条形图

表 4-6　页岩样品孔隙结构参数

样品号	总孔体积(cm^3/g)	总比表面积(m^2/g)	微孔隙		介孔		宏孔隙	
			孔隙体积(cm^3/g)	比表面积(m^2/g)	孔隙体积(cm^3/g)	比表面积(m^2/g)	孔隙体积(cm^3/g)	比表面积(m^2/g)
N1	0.067	35.916	0.004	20.679	0.035	13.534	0.028	1.703
N2	0.073	47.773	0.006	31.712	0.038	14.280	0.029	1.781
N3	0.092	35.201	0.003	16.761	0.047	15.940	0.042	2.500
N4	0.091	63.738	0.007	43.962	0.049	17.691	0.035	2.085
N5	0.071	39.883	0.005	23.622	0.040	14.673	0.026	1.588
N6	0.082	36.343	0.004	19.260	0.044	14.982	0.035	2.101
N7	0.056	20.993	0.002	9.129	0.031	10.492	0.023	1.372
N8	0.061	17.588	0.001	5.691	0.033	10.283	0.027	1.614
N9	0.050	16.846	0.002	6.326	0.028	9.277	0.021	1.244

4. 纳米级孔隙分形特征

以分形几何理论为基础的分形维数可以真实地表征多孔介质表面的粗糙程度及不规则程度，通常情况下，其数值介于 2～3（图 4-23）。理想的表面是光滑的，其分形维数为 2，然而由于原子堆积排列的错位等原因，真实的材料表面通常是凹凸不平的，分形维数越大，表明该材料的粗糙程度及非均质性越强(蔡建超等，2015)。

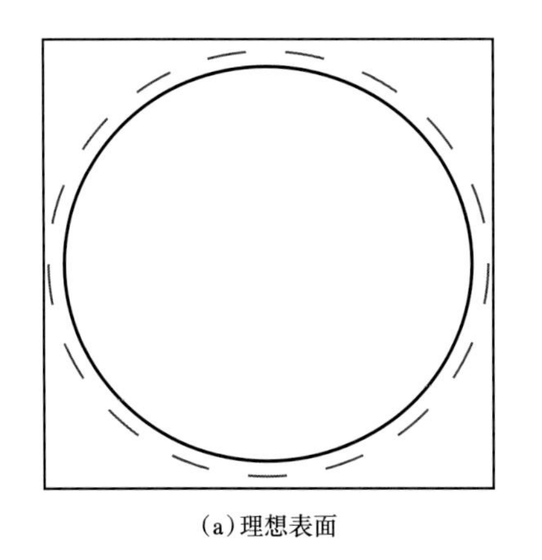

(a)理想表面

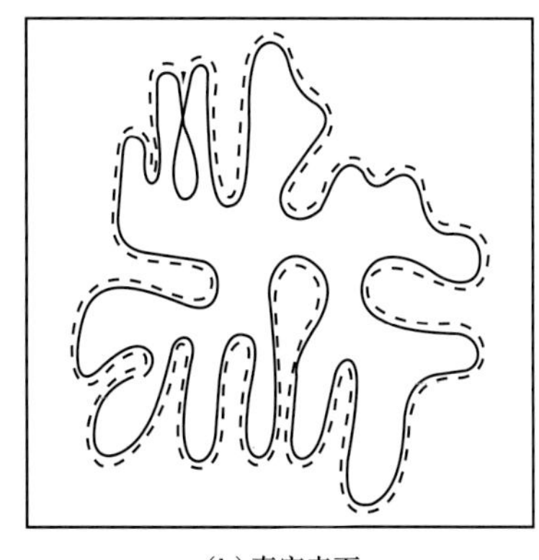

(b)真实表面

图 4-23　理想表面与真实表面示意图

页岩孔隙表面粗糙，表面的不规则性能够创造出比理论值更大的真实比表面，从而为甲烷提供更多的吸附位，增大了页岩的吸附能力。通过高压压汞法、气体吸附法、核磁共振法等实验得出的数据均可以计算岩石孔隙结构的分形维数。

本次研究根据实验测得的低温氮气吸附数据，运用 Frenkel-Halsey-Hill (FHH)方程进行分形维数的计算，FHH 吸附式如下：

$$\frac{V}{V_{m}}=C\left[RT\ln\left(p_{0}/p\right)\right]^{\alpha} \tag{4-7}$$

式中　C——特征常数；

α——与分形维数和吸附机制相关的参数。

将式(4-7)进行对数处理，得到对数形式的方程：

$$\ln V=A+\alpha\ln[\ln(p_{0}/p)] \tag{4-8}$$

以 $\ln V$ 对 $\ln[\ln(p_0/p)]$ 作曲线，找出回归系数最好的一段，得到曲线斜率 α，如图 4-24 所示。由图可知，九条曲线直线拟合效果都非常好，其相关系数均大于 0.99，说明页岩孔隙表面具有分形特征，由此可求得拟合曲线的斜率 α。前人研究表明，在考虑表面张力效应的情况下，分形维数与 α 有如下对应关系：

$$D=3+\alpha \tag{4-9}$$

根据 FHH 方程计算得到的页岩样品分形维数为 2.5680~2.6584(表 4-7)，平均值为 2.6169，表明页岩孔隙表面具有较强的粗糙度和非均质性。

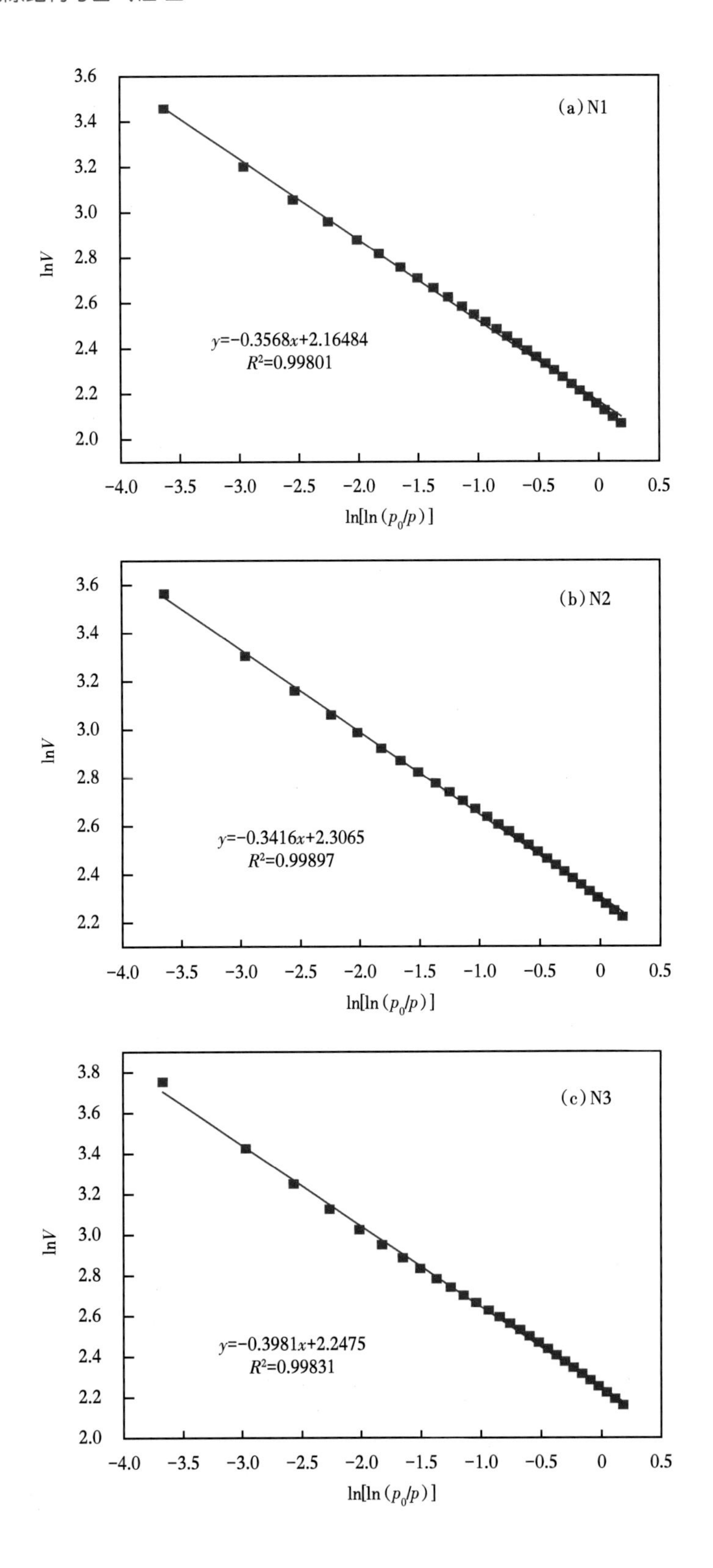
(a) N1
$y=-0.3568x+2.16484$
$R^2=0.99801$
(b) N2
$y=-0.3416x+2.3065$
$R^2=0.99897$
(c) N3
$y=-0.3981x+2.2475$
$R^2=0.99831$
lnV
ln[ln(p_0/p)]

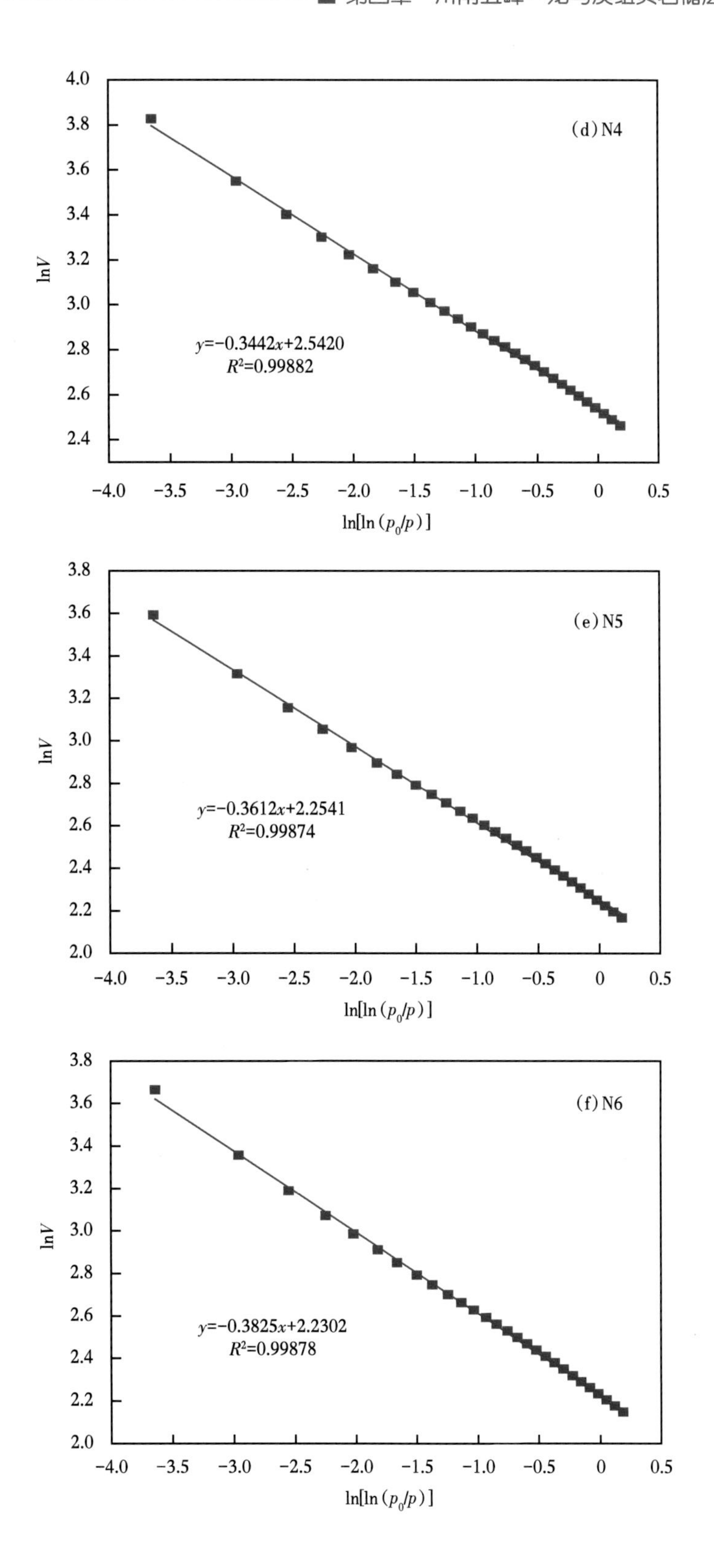
(d) N4
y=−0.3442x+2.5420
R^2=0.99882
lnV
ln[ln(p_0/p)]
(e) N5
y=−0.3612x+2.2541
R^2=0.99874
lnV
ln[ln(p_0/p)]
(f) N6
y=−0.3825x+2.2302
R^2=0.99878
lnV
ln[ln(p_0/p)]

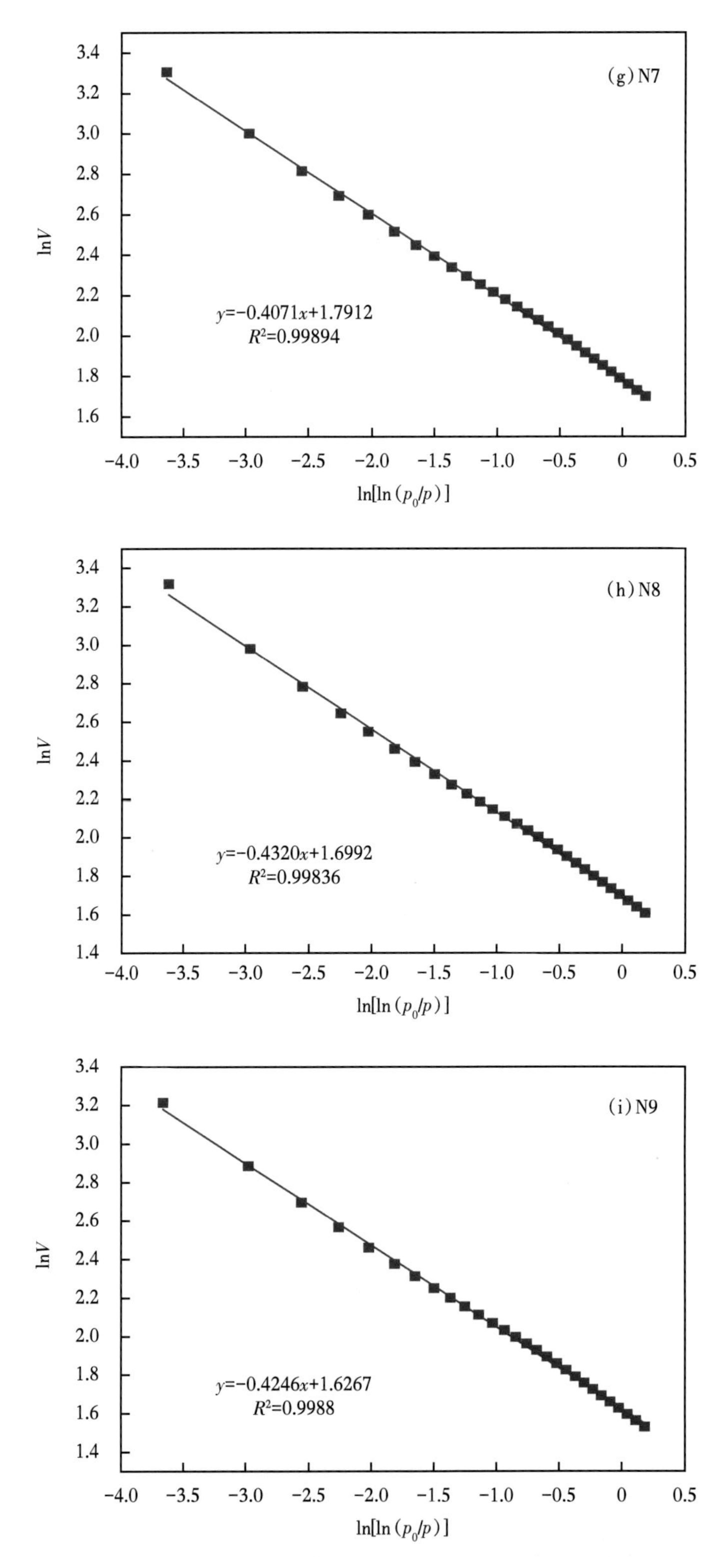

图 4-24　低温氩气吸附等温线 ln［ln（p_0/p）］与 ln$V$ 交会图

表 4-7　基于氩气吸附的纳米级孔隙分形维数

样品号	方程	斜率	$D=3+\alpha$	R^2
N1	$y=-0.3568x+2.16484$	-0.3568	2.6432	0.99801
N2	$y=-0.3416x+2.3065$	-0.3416	2.6584	0.99897
N3	$y=-0.3981x+2.2475$	-0.3981	2.6019	0.99831
N4	$y=-0.3442x+2.5420$	-0.3442	2.6558	0.99882
N5	$y=-0.3612x+2.2541$	-0.3612	2.6388	0.99874
N6	$y=-0.3825x+2.2302$	-0.3825	2.6175	0.99878
N7	$y=-0.4071x+1.7912$	-0.4071	2.5929	0.99894
N8	$y=-0.4320x+1.6992$	-0.4320	2.5680	0.99836
N9	$y=-0.4246x+1.6267$	-0.4246	2.5754	0.99880

第四节　川南海相页岩储层微观孔隙结构发育影响因素

一、总有机碳含量

根据前文所述，页岩中孔隙的发育与有机质密切相关。页岩镜下微观孔隙结构特征表明，蜀南地区五峰—龙马溪组优质页岩主要发育有机质孔隙，这种在有机质成熟演化过程中形成的纳米级孔隙是页岩气的吸附和储存的主要场所。有机碳含量的多少决定了页岩中孔隙的多少，从而决定了页岩整体的孔隙结构特征。

为了探讨有机质对页岩微观孔隙发育的重要性，本书还在低温氩气吸附实验的基础上，对页岩样品进行有机质提取，进而探测页岩中有机质的孔隙结构参数。图 4-25 为宁203 井四个页岩样品及其对应的干酪根样品低压等温氩气吸附曲线，从等温吸附线上可以明显看出，四个干酪根样品的吸附量远大于其对应的页岩样品，说明页岩样品中的微观孔隙主要发育在有机质中。

从龙马溪组页岩样品及其对应干酪根微观孔隙结构参数对比中也可以看出（图 4-26，表 4-8）。干酪根的比表面积及孔体积比对应页岩样品大一个数量级，表明有机质孔隙能够为页岩气提供大量的吸附表面以及赋存空间。研究认为，在烃类裂解的过程中，大量的气体（主体为甲烷）生成，此时孔隙形成，且随着有机质生烃作用的增加，孔隙度进一步增强。

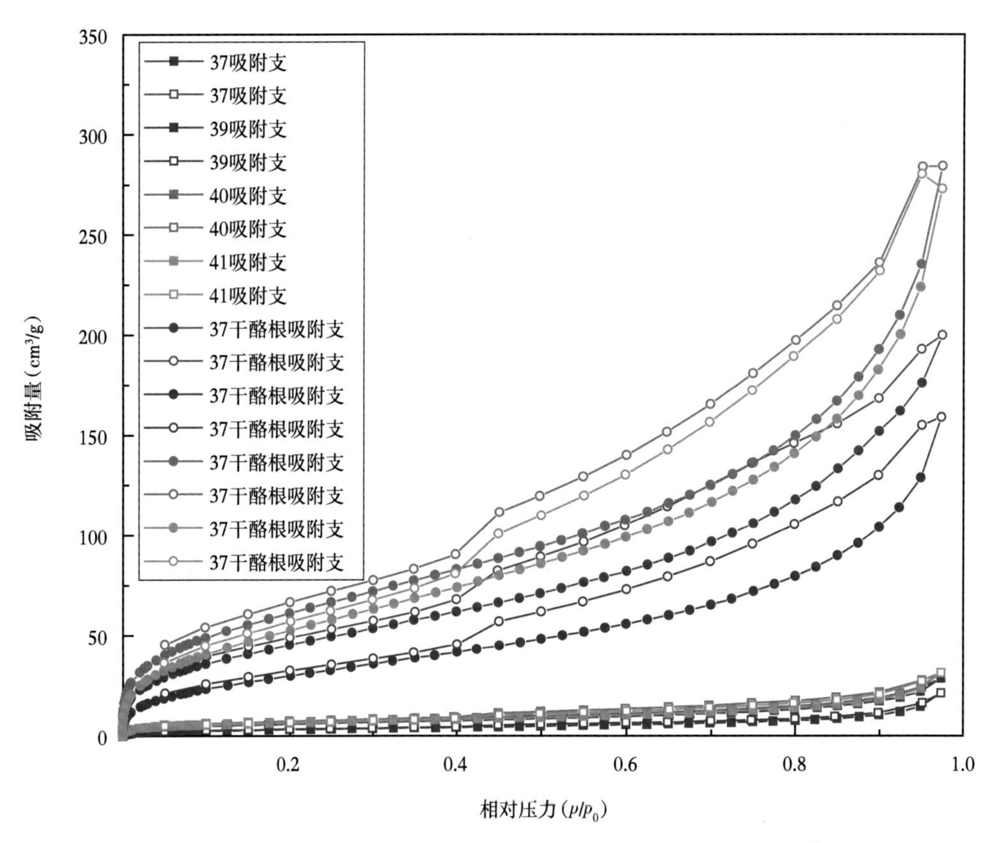

图 4-25　宁 203 井龙马溪组页岩样品及对应干酪根样品氩气吸附曲线

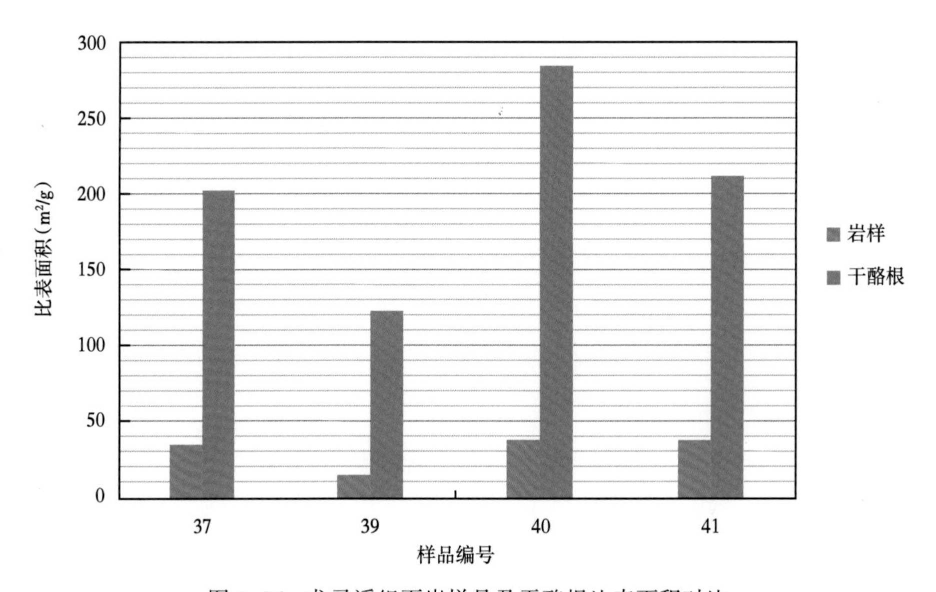

图 4-26　龙马溪组页岩样品及干酪根比表面积对比

表 4-8　宁 203 井龙马溪组页岩样品及对应干酪根孔隙结构参数表

样品编号	37		39		40		41	
岩样或干酪根	岩样	干酪根	岩样	干酪根	岩样	干酪根	岩样	干酪根
比表面积（m^2/g）	34.78	201.80	15.20	122.20	38.12	284.50	38.34	210.60
孔体积（cm^3/g）	0.0304	0.2777	0.0202	0.2608	0.0348	0.4745	0.0342	0.4774
平均孔径（nm）	15.40	7.62	26.97	11.35	14.72	10.66	15.46	12.07

页岩储层中有机碳含量对页岩微观孔隙结构参数有较大影响。研究区龙马溪组页岩有机碳含量与微孔隙及介孔比表面积存在较好的正相关关系，相关系数分别为 0.89 和 0.68，而与宏孔隙不存在明显的相关性（图 4-27），从有机碳含量与各类孔隙占比的关系来看，有机碳含量越高，页岩中微孔隙占比越高（图 4-27d），而介孔和宏孔隙占比越低（图 4-27e、f），说明有机碳含量的增大有利于微孔隙的发育。前人研究认为页岩中微孔隙的含量与页岩的吸附气量呈明显的正相关关系。微孔隙不仅可以提供巨大的比表面积，为甲烷气体提供了大量的吸附空间，而且随着孔径的减小，孔隙中的吸附势增大，孔隙的吸附能力增强，这一部分内容将在下一章做进一步的讨论。

图 4-28 为页岩分形维数与有机碳含量、微孔隙占比以及平均孔径的相关关系，从图中可以看出，随着有机质含量以及页岩孔隙中微孔隙占比的增大，分形维数增大（图 4-28a、b），相关系数分别为 0.71 和 0.93，有机碳含量的增大使得页岩中微孔隙的含量增多，微孔隙的增多使得页岩孔隙结构复杂化，从而导致了页岩孔隙分形维数的增大，即孔隙结构非均质程度增大，增大的分形维数使得页岩孔隙表面的复杂程度增强，复杂化的孔隙表面能够提供比平滑的表面更多的表面积，从而为页岩气提供了更多的吸附位；分形维数与平均孔径呈明显的负相关关系（图 4-28c），平均孔径大的页岩其孔隙非均质性小，孔径的减小增大了页岩孔隙结构的非均质性。

二、黏土矿物

黏土矿物的含量被认为与页岩的孔隙结构密切相关。黏土矿物主要有蒙皂石、绿泥石、高岭石和伊利石等类型，还包括了伊/蒙混层、绿/蒙混层等过渡类型。其中，蒙皂石由于具有巨大的内表面积（表 4-9），理论上可高达 $800m^2/g$，故其比表面非常大，而伊利石的比表面积理论上仅有 $30m^2/g$ 左右。

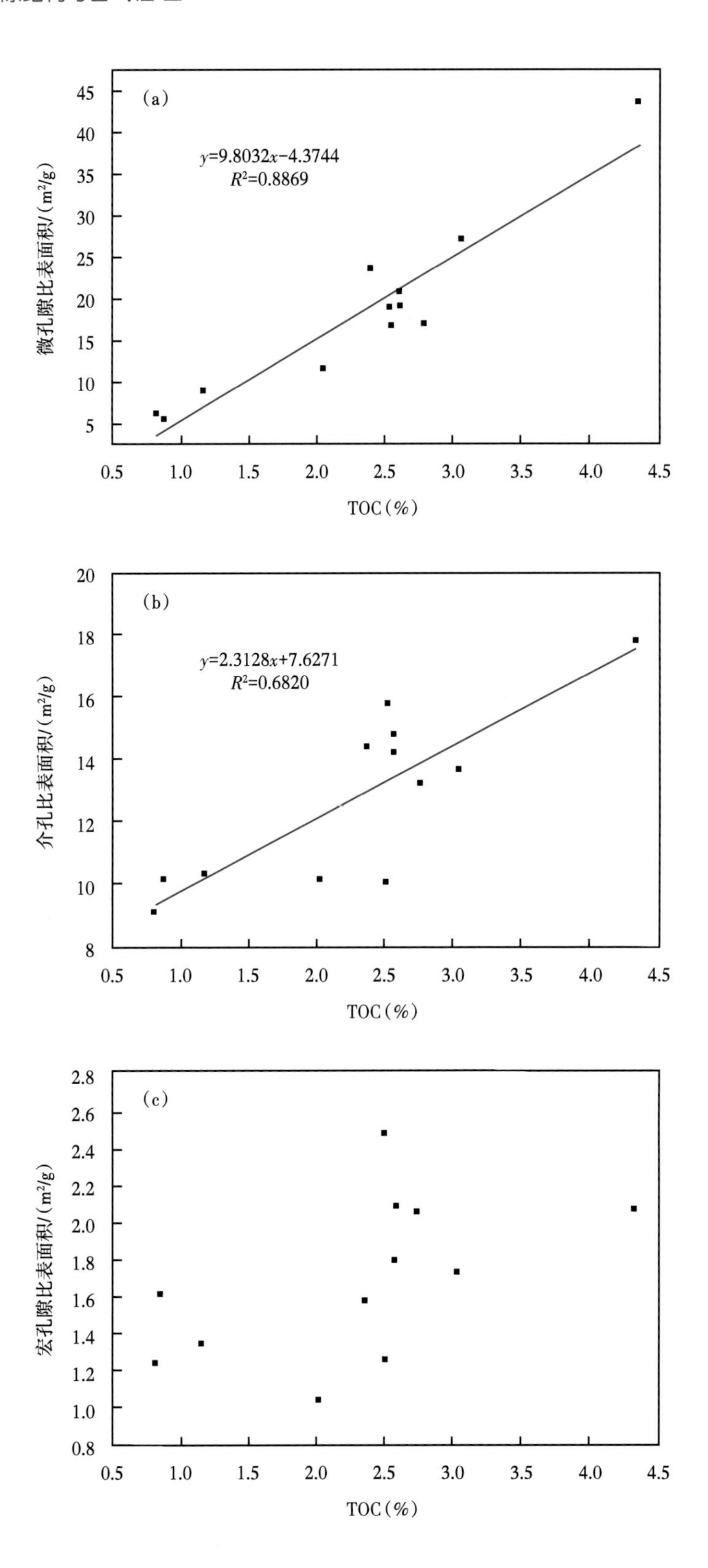
(a)
y=9.8032x−4.3744
R^2=0.8869
微孔隙比表面积/(m²/g)
TOC(%)
(b)
y=2.3128x+7.6271
R^2=0.6820
介孔比表面积/(m²/g)
TOC(%)
(c)
宏孔隙比表面积/(m²/g)
TOC(%)

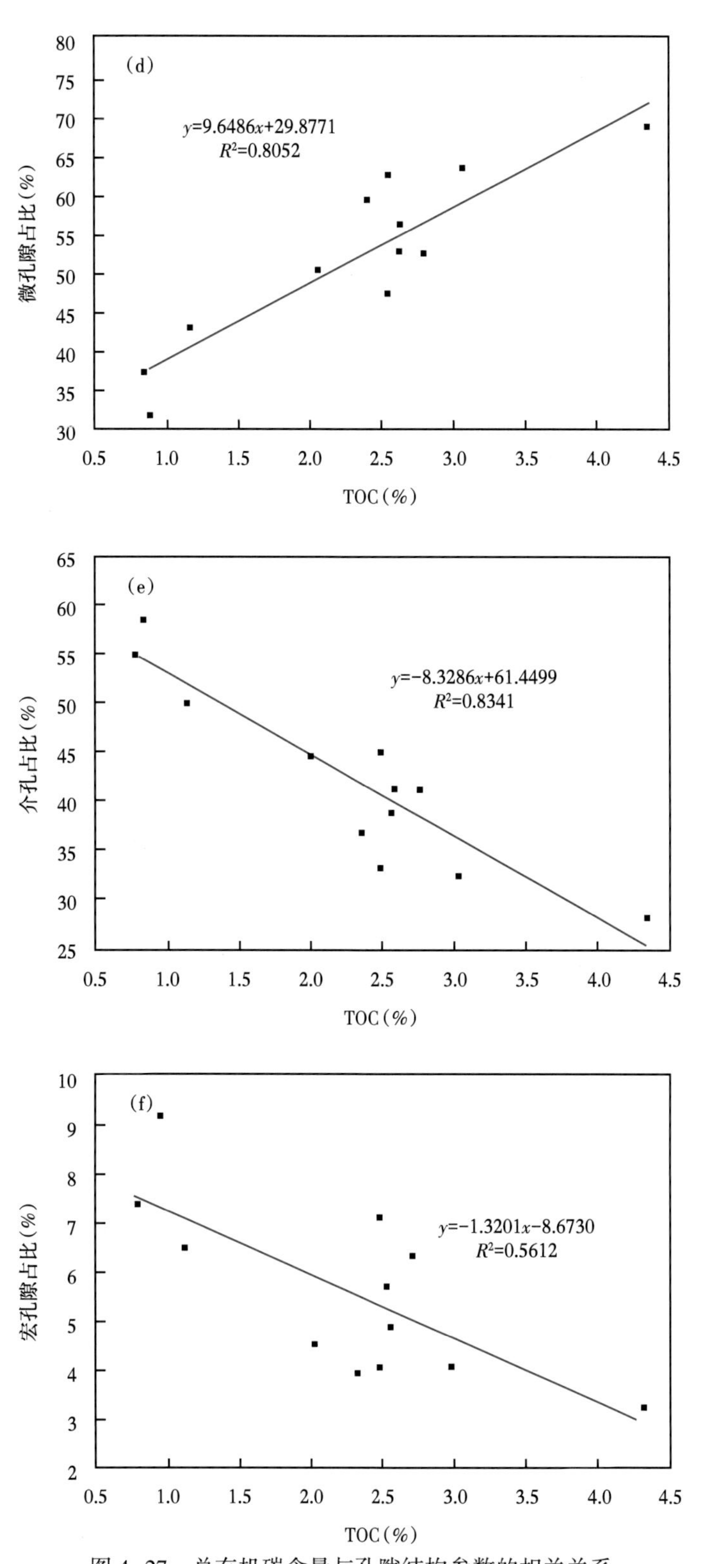

图 4-27　总有机碳含量与孔隙结构参数的相关关系

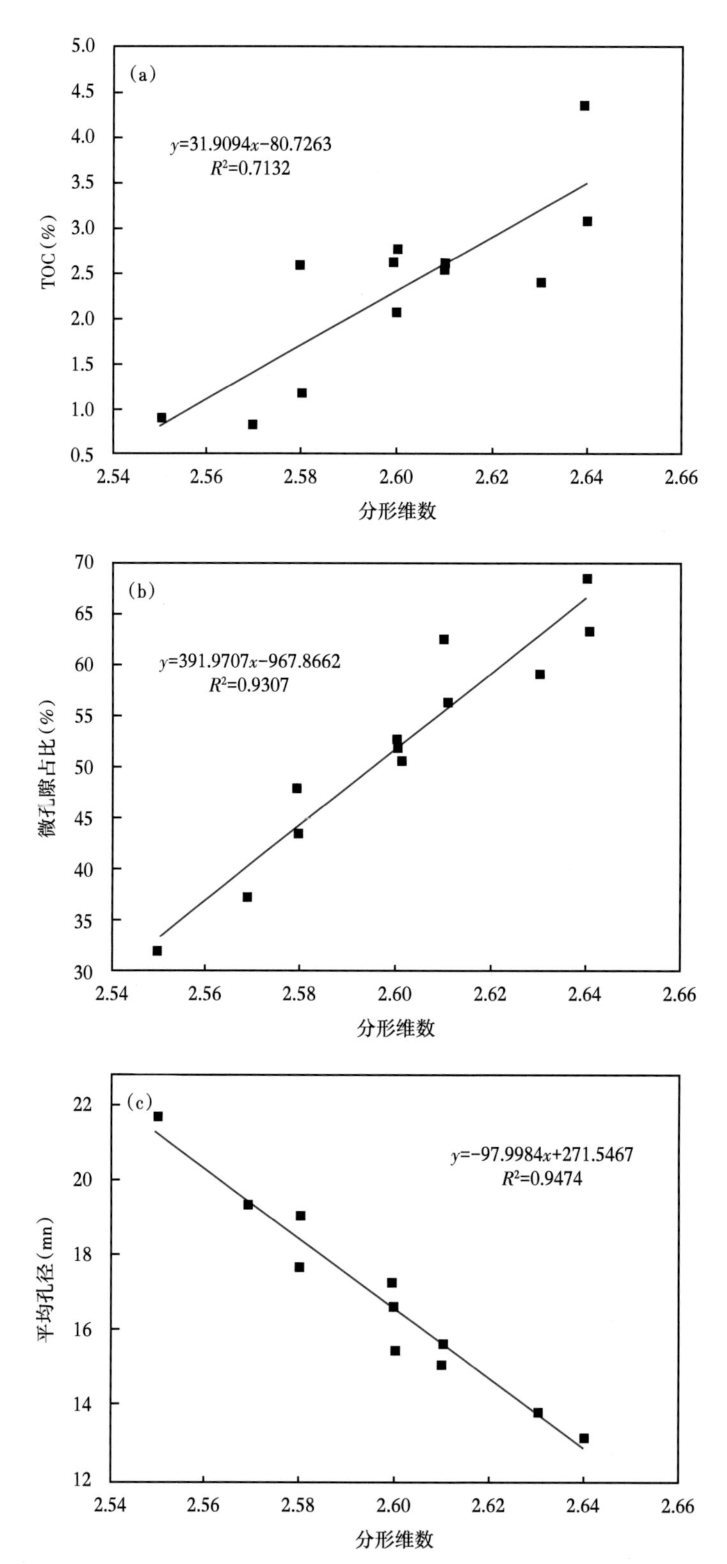

图 4-28 分形维数与 TOC、微孔隙占比及平均孔径的相关关系

表 4-9 黏土矿物的比表面积

黏土矿物	内表面积 (m^2/g)	外表面积 (m^2/g)	总表面积 (m^2/g)
蒙皂石	750	50	800
绿泥石	0	15	15
高岭石	0	15	15
伊利石	0	30	30

根据前述关于研究区页岩样品黏土矿物成分的测定，蜀南地区页岩储层的黏土矿物主要由伊利石和伊/蒙混层组成(图 4-29)，伊利石相对含量平均值为 51.7%，伊/蒙混层相对含量平均值为 36.7%，另外还有少量绿泥石和高岭石。

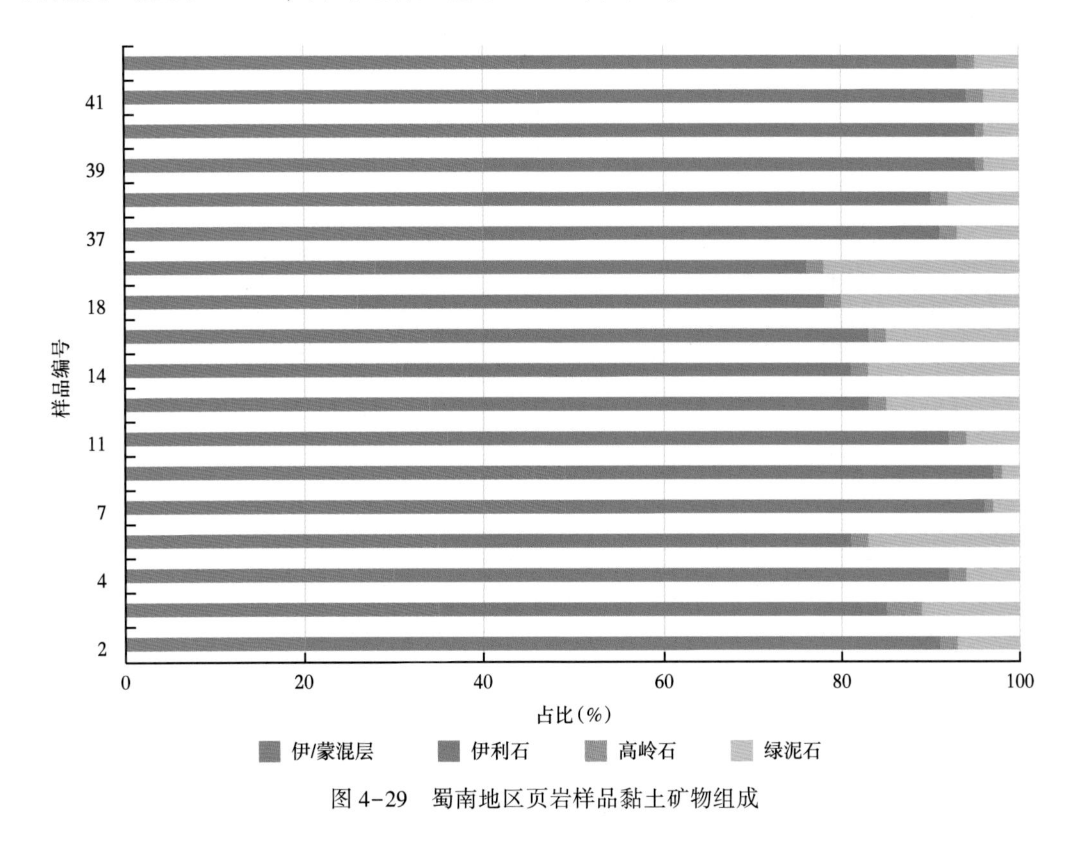

图 4-29 蜀南地区页岩样品黏土矿物组成

从页岩样品黏土矿物与比表面积的相关关系图上可以看出(图 4-30)，黏土矿物含量与比表面积相关性较差，说明研究区页岩样品中的黏土矿物提供了较少的比表面积。从扫描电镜也可以看出，研究区龙马溪组页岩中黏土矿物多致密，较少发育纳米级孔隙。在页岩成岩转化过程中，大量的蒙皂石转化为伊利石，使其比表面积大大缩小，能够为页岩气的吸附和赋存空间被压缩。对陆相页岩的微观孔隙结构特征研究表明，陆相页岩的比表面积与黏土矿物含量呈较高的正相关性，而与有机碳含量的相关性较差，这是由于在陆相页岩中，有机质碳含量较低，有机质成熟不高，有机质本身能够提供的孔隙有限，这时黏土矿物的含量对于页岩微观孔隙结构的发育起到了主要作用。在蜀南地区海相富有机质页岩中，有机碳含量丰富，能够为页岩气提供丰富的孔隙空间，又由于有机质成熟度较高，页岩成岩演化作用进入到晚期，在成岩早期阶段形成的黏土矿物粒间孔隙、粒内孔隙消失殆尽。故在蜀南地区海相页岩中，黏土矿物对页岩微观孔隙结构的发育作用较小。郭旭升等(2014)对四川盆地焦石坝地区龙马溪组页岩微观孔隙结构特征的研究表明，焦石坝地区龙马溪组页岩中的黏土矿物含量与比表面积和孔体积呈一定的负相关性，故认为龙马溪组页岩中的黏土矿物对微观孔隙的发育贡献较小，甚至是负作用。

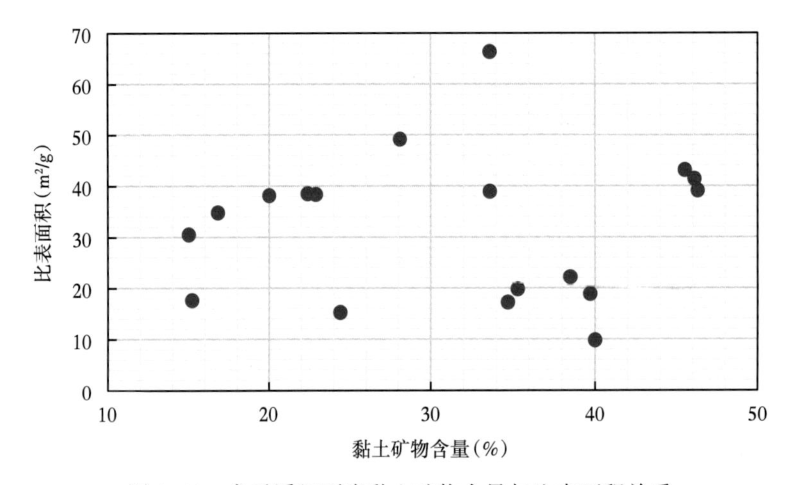

图 4-30　龙马溪组页岩黏土矿物含量与比表面积关系

三、有机质热演化程度

页岩微观孔隙结构与有机质热演化程度的关系较为复杂。一方面，随着有机质热演化程度的进行，有机质中纳米孔隙的孔隙结构会发生变化。程鹏等(2013)在运用激光拉曼光谱分析中国南方下古生界页岩成熟度的基础上，研究页岩微观孔隙随成熟度的变化。研究结果表明，在页岩中有机质镜质组反射率介于0.5%~3.5%时，孔隙结构参数与热演化程度呈明显的正相关关系。Chen等(2014)通过热模拟实验模拟随着热演化程度的提高，有机质孔隙的变化。结果表明，在生油阶段，干酪根生成的原油没有完全通过初次运移排出，部分油滴堵塞孔隙，降低了孔隙空间的大小，随着液态油裂解生成气态烃类，焦沥青大量生成气体，有机质中的孔隙迅速增大。然而，当处于过成熟阶段时，有机质孔隙可能发生合并以及塌陷，微孔隙发育程度降低(图4-31)。

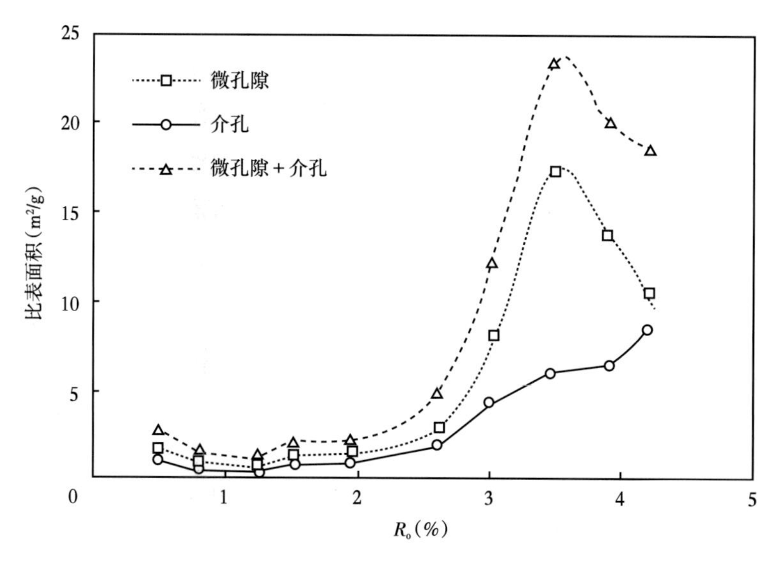

图 4-31　富有机质页岩纳米孔隙比表面积随成熟度的变化

另一方面，在有机质演化过程中，有机酸的生成对黏土矿物的转化有一定的影响。随着有机质热演化作用的推进，页岩的成岩作用进一步加强，黏土矿物中具有巨大比表面积的蒙皂石逐渐向伊/蒙混层或绿蒙混层转化，最终全部转化为伊利石或绿泥石。在这一成岩演化过程中，黏土矿物的比表面积大大降低。

如图 4-32 所示，当镜质组反射率介于 3.2%～3.7%之间时，随着成熟度的增加，页岩的表面积有增大的趋势，但是当镜质组反射率大于 3.7%时，随着成熟度的进一步增大，比表面积开始减小。前人对威远地区筇竹寺组的微观孔隙结构研究表明，过高的热演化程度会造成有机质孔隙发育程度的降低。

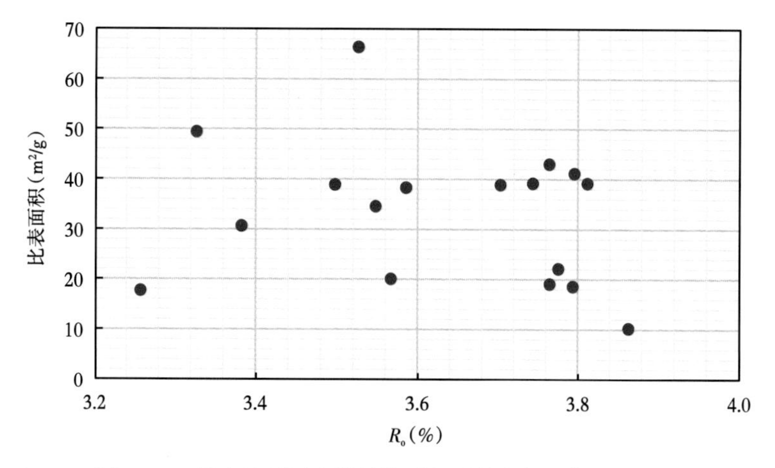

图 4-32　蜀南地区页岩样品镜质组反射率与比表面积关系

第五章　川南五峰—龙马溪组页岩储层吸附能力评价

甲烷吸附实验是目前研究页岩吸附能力的重要手段，其原理是通过测定甲烷在一定温度下吸附量随压力的变化量，得到等温吸附线，再通过对等温吸附线进行拟合，得到关于评价页岩吸附能力的参数。目前，国内外大多数页岩吸附能力评价的实验仪器及方法都沿用煤层气的实验标准。然而，由于煤层气的吸附与页岩气的吸附存在一定的差别，现行的煤层气吸附实验并不一定适用于页岩气的吸附研究，页岩的矿物组成、孔隙结构以及地球化学性质与煤层本质上就不同，页岩吸附量与煤层的吸附量也相差一个数量级，且页岩气与煤层气的地层条件不同，煤层气通常埋藏较浅，页岩气埋藏较深，实验需要更高的温度和压力。且在压力较低的实验条件下，等温吸附曲线无法呈现负吸附的现象（聂海宽等，2013；周尚文等，2016），而这种负吸附现象是超临界气体吸附实验的本质特征，较低压力的吸附实验结果会对后期吸附方程的拟合以及吸附机理的探讨带来误导。

针对气体吸附的实验方法主要可分为容积法和重量法两类，目前常用的方法为容积法，即通过测定吸附过程中气体容积的变化，基于吸附前后参考室和样品室内物料平衡方程来得到吸附量。然而这种间接测量方法对实验仪器温度和压力传感器的精度要求极高，测量的误差较难控制。

本章采用重量法对川南地区五峰—龙马溪组页岩样品进行高温高压吸附实验，分析实验得到的等温吸附线出现极大值的原因，阐述了过剩吸附量与绝对吸附量的区别以及超临界气体吸附的本质特征，在此基础上优选等温吸附方程，得到页岩吸附能力参数，探讨超临界气体的吸附机理，总结影响页岩甲烷吸附能力的因素。最后采用分子模拟技术模拟了甲烷在活性炭孔隙中的吸附行为，从分子运动的角度分析了温度、压力以及孔径对甲烷赋存状态的影响。

第一节　川南海相页岩储层吸附能力评价

一、实验设备与实验方法

选取蜀南地区页岩岩心样品，采用重量法进行高温高压甲烷等温吸附实验，实验仪器为荷兰安米德 Rubotherm 高温高压吸附仪（图 5-1），最高测试压力为 35MPa，最高测试温度为 150℃，仪器采用循环油浴加热方式，温度的波动范围控制在 0.2℃以内，保证测量的准确性。仪器核心部件为高精度磁悬浮天平，精度可达 10μg。实验温度为 90℃，与页岩样品对应的地层温度相当。实验前将页岩样品制成 20～40 目的粉样，样品质量约为 20g，经过 8 小时 105℃的高温抽真空处理，以充分去除样品表面的水分以及杂质。

图 5-1　Rubotherm IsoSORP-HP Static Ⅱ 高温高压气体吸附仪

吸附实验过程包括空白实验、浮力实验以及吸附实验三个部分。空白实验不装样品，采用氮气作为介质，恒定温度时，在 0～15MPa 压力范围内设定若干个压力点，获取样品框在不同浮力下的一组天平重量读数，并利用直线拟合得到样品框体积和重量。浮力实验装样后采用氦气作为介质，获取样品框在不同氦气浮力下的一组天平总重量读数，先得到总体积和总重量，再结合空白试验得到样品和体积。吸附实验以纯度为 99.99%的甲烷为吸附质，设定实验压力最高为 30MPa，共设计 10 个压力测试点，第一个压力点为真空，并在仪器上继续抽真空脱气 7 小时以上，进行干燥样测试，以保证样品质量处于稳定状态，后续每个压力点平衡时间约 2 小时，直至所有压力点测试完毕。

磁悬浮天平的读数是样品框质量和体积、样品质量和体积、吸附甲烷质量和体积共同作用的结果。关系如下：

$$\Delta m = m_{cs} + m_{abs} - (V_{cs} + V_{abs})\rho_g \tag{5-1}$$

式中　Δm——天平读数，g；

m_{cs}——样品框和样品的总质量，g；

m_{abs}——吸附气体的绝对吸附量，g；

V_{cs}——样品框和样品的总体积，cm^3；

V_{abs}——吸附相体积，cm^3；

ρ_g——不同压力点对应的甲烷气体密度，g/cm^3。

超临界状态下，吸附相体积 V_{abs} 是不断变化的，且不能忽略。根据过剩吸附量和绝对吸附量的含义，二者之间存在如下关系：

$$m_{ex}=m_{abs}-\rho_g V_{abs} \tag{5-2}$$

式中 m_{ex}——吸附气体的过剩吸附量，g；

其余参数含义与式(5-1)相同。

将式(5-2)代入式(5-1)，可得：

$$\Delta m=m_{cs}+m_{ex}-V_{cs}\rho_g \tag{5-3}$$

按照式(5-3)即可求出过剩吸附量 m_{ex} 的值。由此可见，与体积法一样，重量法也不能直接测得绝对吸附量的值，实验测得的吸附量一定是过剩吸附量，这是超临界条件下的必然结果。所以在进行页岩吸附能力评价时，需要对实验数据进行修正，将过剩吸附量转化为绝对吸附量。

二、页岩气吸附机理研究

超临界状态指在温度和压力分别高于气体的临界温度和临界压力时气体所处的状态。超临界流体的密度接近液体，密度接近气体，扩散系数介于液态和气态之间。常见的气体的临界温度和临界压力见表5-1。页岩气的主要成分为甲烷，甲烷的临界温度为190.56K，临界压力为4.5992MPa，地层条件下处于超临界状态。与亚临界状态下的气体吸附相比，超临界吸附有如下特点：首先，吸附体系中不存在气液的转化，饱和蒸气压的概念不再存在，吸附态的聚集状态也不再是液态；其次，吸附等温线发生了变化，在吸附量较低时，吸附等温线为Ⅰ型，当吸附量达到一定程度后，等温线出现极大值，之后吸附线开始下降；最后，等温吸附曲线与脱附曲线重合，不存在吸附滞后现象。

表5-1 常见流体的物理化学属性值

气体	临界温度（K）	临界压力（MPa）	临界密度（kg/m^3）	偏心因子
CO_2	304.13	7.3773	467.60	0.22394
CH_4	190.56	4.5992	162.66	0.01142
N_2	126.19	3.3958	313.30	0.03720
O_2	154.58	5.0430	436.14	0.02220
Ar	150.69	4.8630	535.60	-0.00219

由于与传统的低压吸附等温线存在一定的差别，现行的 IUPAC 等温吸附线划分方案不能满足超临界吸附曲线的特点。1998 年，Donohue 等通过分析超临界吸附的特点，将超临界吸附纳入新的等温吸附线分类中去（图 5-2）。

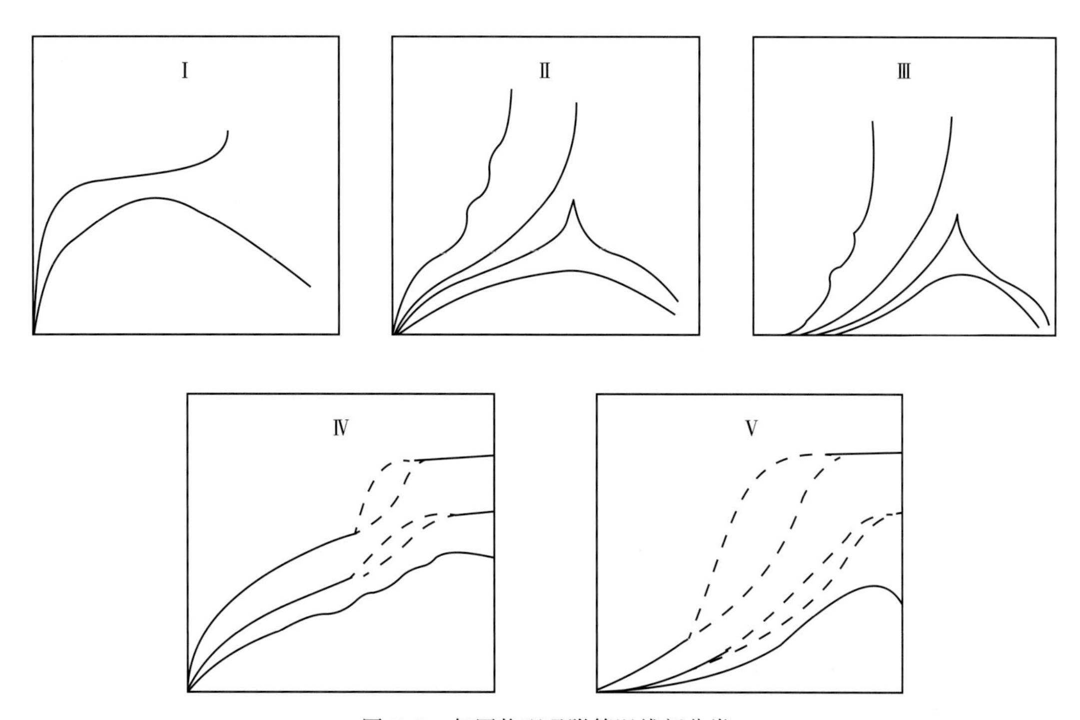

图 5-2 气固物理吸附等温线新分类

对于超临界吸附中出现的负吸附现象，目前研究人员普遍认为是由于在计算吸附量时，得到的吸附量值为过剩吸附量引起的。如第一节所述，目前实验室测定的吸附量均为过剩吸附量。所谓过剩吸附量，是指吸附相中超过气相密度的过剩量。根据式(5-2)，绝对吸附量与过剩吸附量的关系可以改写为：

$$m_{ex}=m_{abs}\left(1-\frac{\rho_g}{\rho_a}\right) \tag{5-4}$$

式中 ρ_a——吸附相的密度，g/cm^3。

在亚临界条件下，自由气体密度 ρ_g 远小于吸附相密度 ρ_a，过剩吸附量与绝对吸附量近似相等，故没有出现吸附量极大值的现象；然而在超临界条件下，随着压力的增大，自由气体密度增长很快，当自由气体的增长速度超过吸附相的增长速度时，过剩吸附等温线必然会出现极大值，随后实验测得的吸附量随着自由气体密度的继续增大而下降。

式(5-4)中，气体的密度可以由气体状态方程求得，吸附相的密度则是一个比较具有争议的参数。部分学者假设吸附相的密度为饱和液态密度或者范德华密度，然而在超临界状态下，气体不可能发生液化，能否按照液体来处理吸附相密度值得商榷。Clarkson 等(2013)通过实验数据中过剩吸附量的下降段来计算，但是该方法不一定适用于所用样品，在计算时常出现甲烷吸附相密度大于液态甲烷密度的情形，显然不符合实际。更多学者采用了最优化方法，将吸附相密度作为一个未知量参与拟合，得到的吸附相拟合结果如果处于合适的数值区间，则说明可以采用。本书也将采用这种方法，将吸附相密度作为未知参数参与数据拟合。

三、页岩甲烷吸附特征

九个页岩样品的高温(90℃)高压(30MPa)甲烷等温吸附数据如图 5-3 所示。从图中可以明显看出，所有等温吸附线都具有相似的形状，差别主要体现在甲烷吸附量上。与常规等温吸附线不同，吸附量在高压区出现负增长，所有的过剩吸附量在压力为 12MPa 左右时出现极大值，随后随着压力的增大，过剩吸附量开始降低。处于超临界状态的气体，其吸附等温线均表现出相同特征：在压力较低(吸附量低)时表现为 I 型等温线，当压力增大到一定程度时，吸附量出现极大值，然后随着压力的增大，过剩吸附量降低，这是超临界气体吸附必然会出现的现象，这种情况下，需要对过剩吸附量进行必要的校正，将过剩吸附量校正为绝对吸附量，才能反映吸附剂真实的吸附能力。

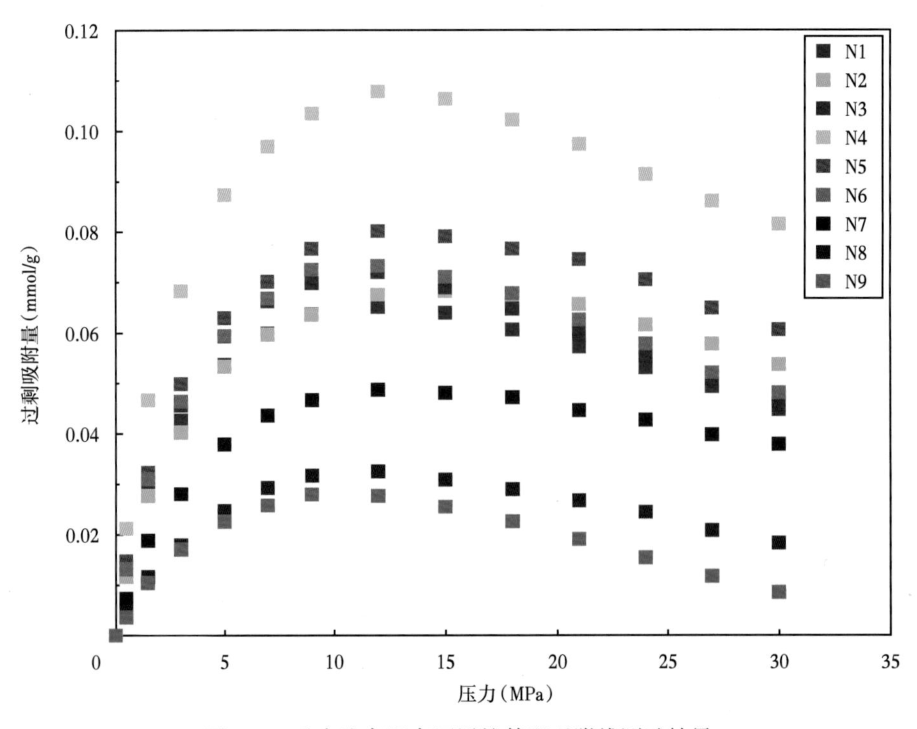

图 5-3　重力法高温高压甲烷等温吸附线测试结果

前人的高温甲烷吸附实验中大多没有出现极大值的现象，除了忽略了超临界条件下吸附相体积外，也与实验设备的最大测试压力有关。在较低的压力条件下，自由气体密度很小，过剩吸附量与绝对吸附量相差不大，等温吸附线必然呈上升趋势。

Langmuir 方程是应用最为广泛的描述甲烷吸附的等温吸附模型，基本形式如下：

$$m_{\text{abs}}=\frac{m_0kp}{1+kp} \tag{5-5}$$

式中　m_0——最大吸附量，mmol/g，反映了吸附剂的吸附能力；

k——Langmuir 常数，反映了吸附速率与脱附速率的比值。

结合过剩吸附的定义式(5-4)，得到超临界状态下过剩吸附的拟合模型：

$$m_{\text{ex}}=\frac{m_0kp}{1+kp}\left(1-\frac{\rho_{\text{g}}}{\rho_{\text{a}}}\right) \tag{5-6}$$

本书中甲烷气体 90℃温度下的密度使用 SRK 状态方程求得，由于气体状态方程较为复杂，不利于后期方程的拟合，本书将使用状态方程求得的甲烷气体密度值回归成与压力相关的多项式函数：

$$\rho_{\text{g}}=a_0+a_1p+a_2p^2 \tag{5-7}$$

式中　a_0、a_1、a_2 分别为多项式的回归系数，其值见图 5-4。

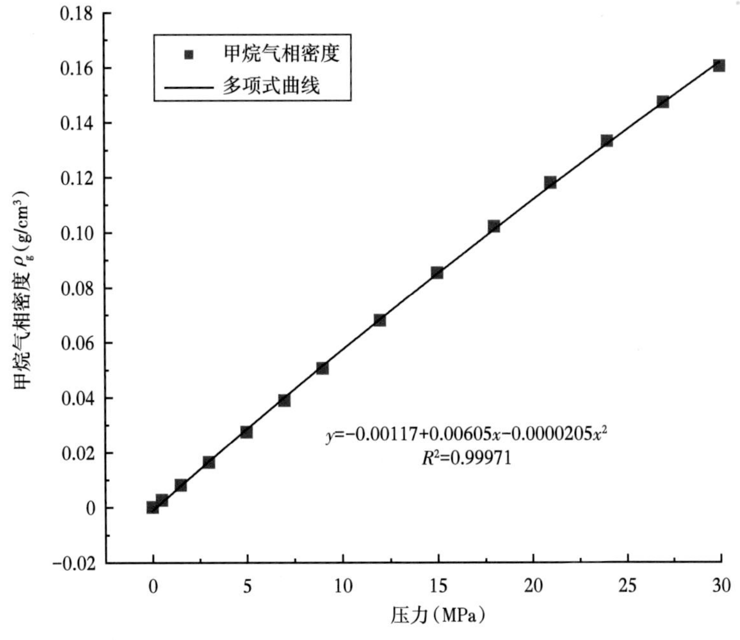

图 5-4　90℃甲烷气相密度对压力的回归曲线

关于吸附相密度，本书为了提高模型拟合结果的准确性，将吸附相密度作为未知参数，并将实验得到的过剩吸附数据通过 Langmuir 模型进行拟合（表 5-2）。结果表明，由 Langmuir 模型拟合得到的吸附相密度介于 0. 1873～0. 3423g/cm^3，所有值都处于甲烷临界密度（0. 162g/cm^3）与常压沸点液体甲烷密度（0. 423g/cm^3）之间，说明该模型较合理。因此，本次研究选用修正的 Langmuir 模型拟合所有过剩吸附数据。

表 5-2　Langmuir 模型拟合结果表

样品编号	Langmuir 模型			
	最大吸附量（mmol/g）	Langmuir 常数	吸附相密度（g/cm^3）	相关系数
NI	0. 1161	0. 2189	0. 2919	0. 9981
N2	0. 1232	0. 1805	0. 3423	0. 9976
N3	0. 1333	0. 2032	0. 2677	0. 9979
N4	0. 1843	0. 2226	0. 3272	0. 9982
N5	0. 1437	0. 1918	0. 3239	0. 9981
N6	0. 1413	0. 1848	0. 2670	0. 9984
N7	0. 0928	0. 1648	0. 3129	0. 9990
N8	0. 0783	0. 1156	0. 2283	0. 9971
N9	0. 0733	0. 1160	0. 1873	0. 9977

用 Langmuir 模型拟合的结果见图 5-5 中蓝色曲线。计算结果表明，九个样品拟合相关吸附均大于 0. 997，说明修正过的三元 Langmuir 方程可以较好地拟合过剩吸附数据。拟合结果表明，表示吸附能力的最大吸附量 m_0 介于 0. 0670～0. 2202mmol/g，平均值为 0. 1406mmol/g。在拟合得到参数 m_0、k 后，将参数值代入式（5-5）中求取页岩不同压力条件下的绝对吸附量数据，结果如图 5-5 中红色曲线所示。从过剩吸附等温线和绝对吸附等温线的对比可以看出，在气体压力较小时（$p<5$MPa），过剩吸附量和绝对吸附量相当，而随着压力的增大，绝对吸附量总是大于过剩吸附量，且绝对吸附量与过剩吸附量的差距逐渐增大。故在地层压力和温度条件下，如果不对高温甲烷吸附曲线进行校正，将低估地层实际的甲烷吸附能力，同时对地质储量的评价产生影响。

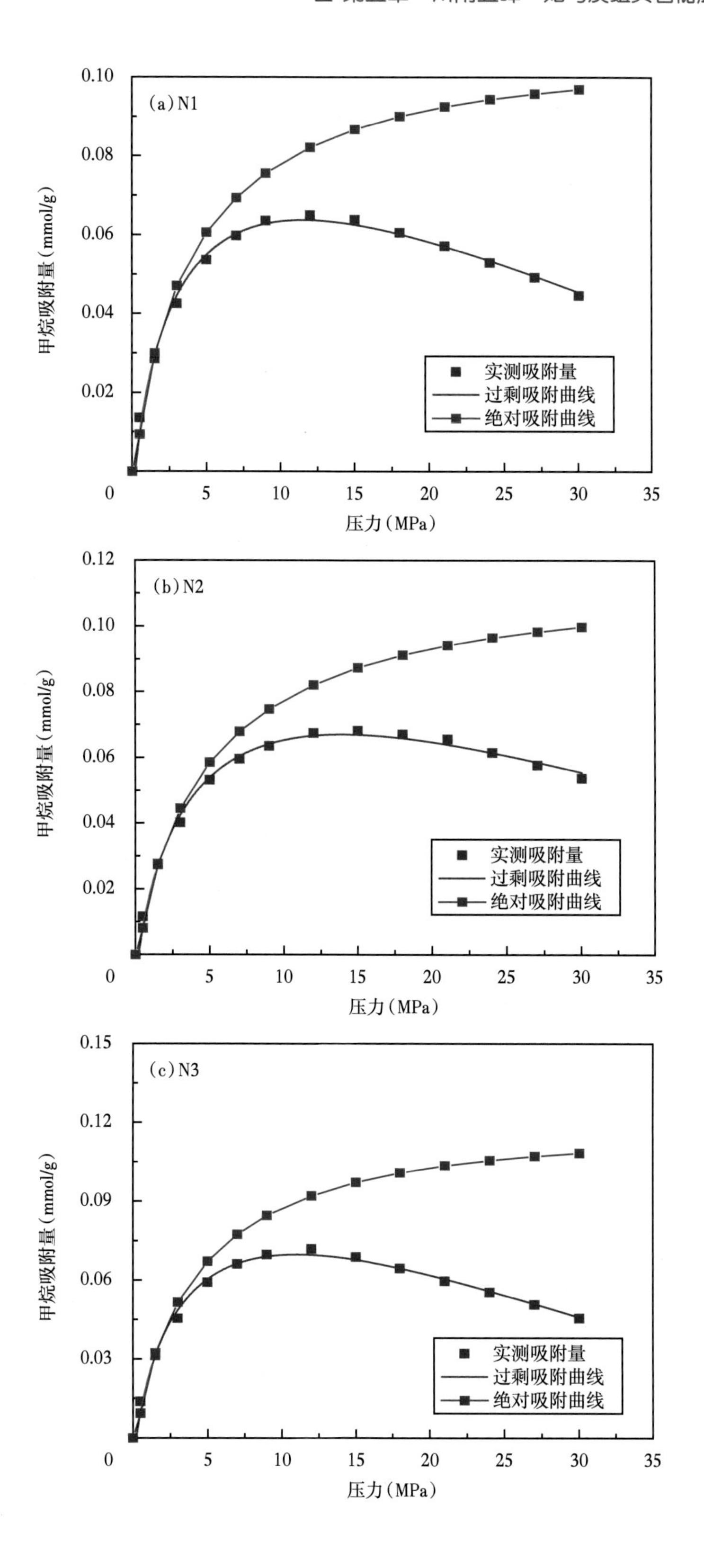
(a) N1
(b) N2
(c) N3
实测吸附量
过剩吸附曲线
绝对吸附曲线
甲烷吸附量(mmol/g)
压力(MPa)
0
5
10
15
20
25
30
35
0.02
0.04
0.06
0.08
0.10
0.12
0.03
0.06
0.09
0.12
0.15

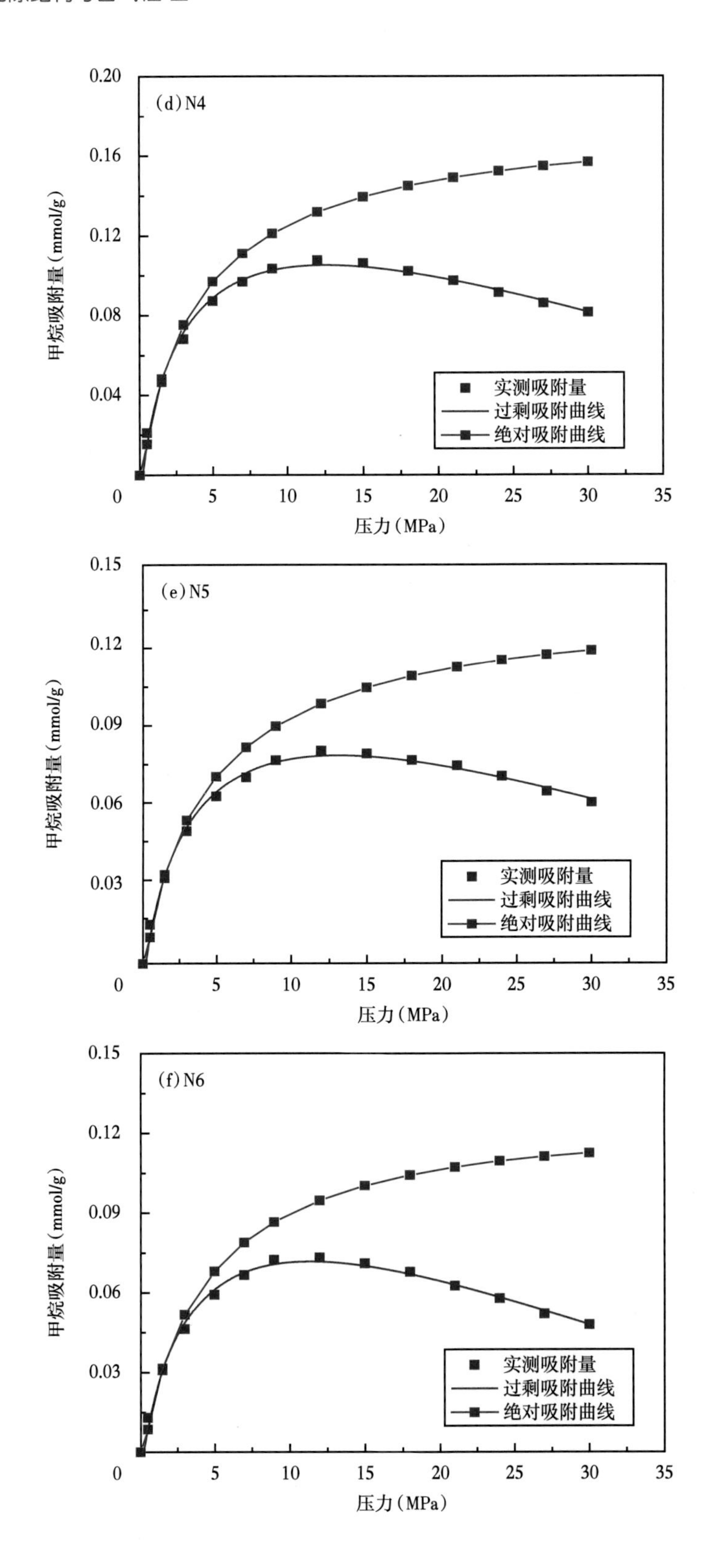
(d) N4
0.20
0.16
0.12
0.08
0.04
0
5
10
15
20
25
30
35
甲烷吸附量（mmol/g）
压力（MPa）
实测吸附量
过剩吸附曲线
绝对吸附曲线
(e) N5
0.15
0.12
0.09
0.06
0.03
0
甲烷吸附量（mmol/g）
压力（MPa）
实测吸附量
过剩吸附曲线
绝对吸附曲线
(f) N6
0.15
0.12
0.09
0.06
0.03
0
甲烷吸附量（mmol/g）
压力（MPa）
实测吸附量
过剩吸附曲线
绝对吸附曲线

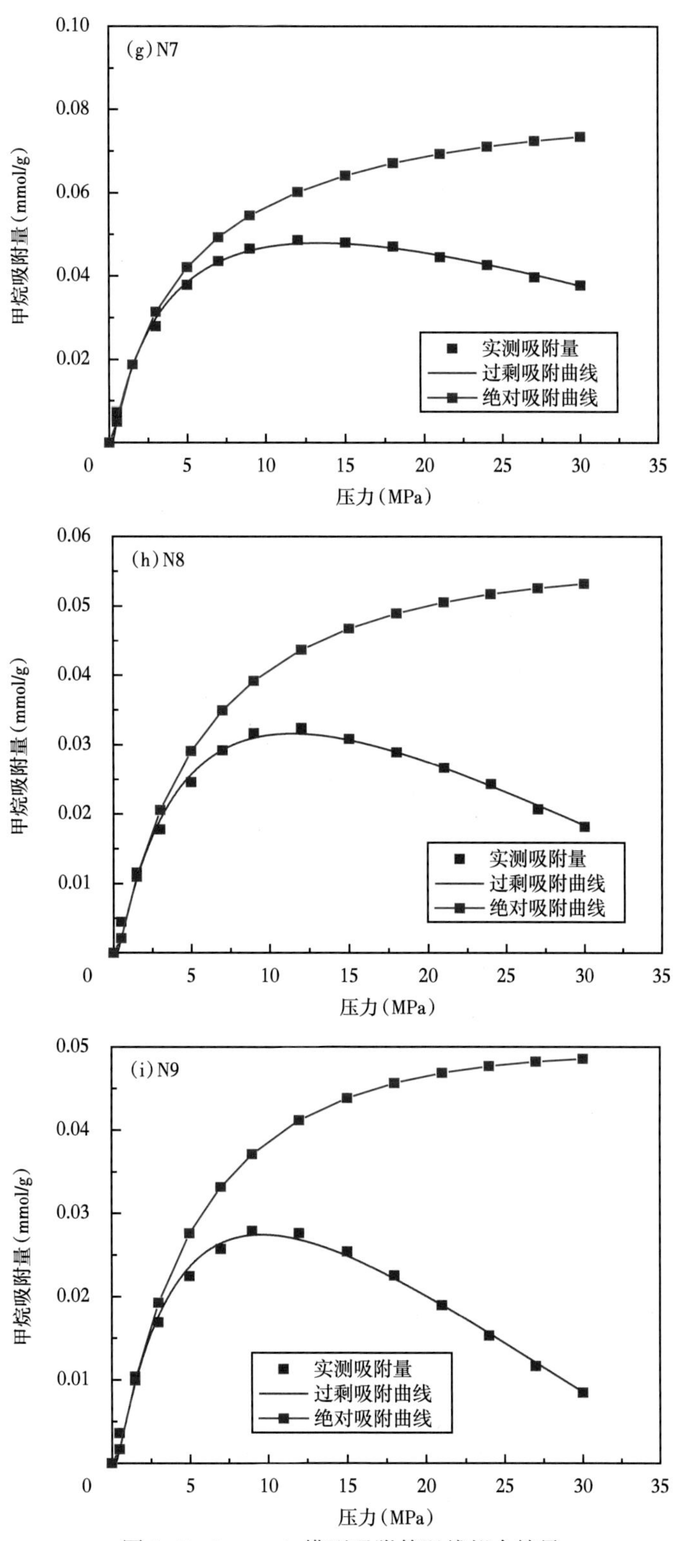

图 5-5　Langmuir 模型吸附等温线拟合结果

第二节　川南海相页岩储层吸附能力影响因素

影响页岩吸附能力的因素有许多，可以概括为内在因素和外在因素两个方面，内在因素主要是页岩本身的性质，如有机碳含量、黏土矿物含量、孔隙结构特征等，外在因素主要是地层条件，包括了页岩地层的温度、压力及湿度等。

一、总有机碳含量

大量研究表明，有机碳含量对页岩的吸附能力有非常大的影响。首先，有机质是生成油气的物质基础。页岩气藏是原位成藏，有机碳含量是影响页岩生烃量的主要因素，决定了页岩作为烃源岩的生烃强度，较高的有机碳含量是页岩气藏形成的前提条件；其次，页岩气主要由吸附气和游离气组成，有机质则是吸附气的主要载体，其含量直接决定了页岩的吸附能力。

通过对比不同有机碳含量的页岩高压吸附曲线，发现有机碳含量为4.44%的页岩样品吸附量最大，随着有机碳含量的减小，吸附量依次递减（图5-6）。当有机碳含量低至1.06%时，吸附量最小。可见有机碳含量对页岩吸附能力的影响十分明显。

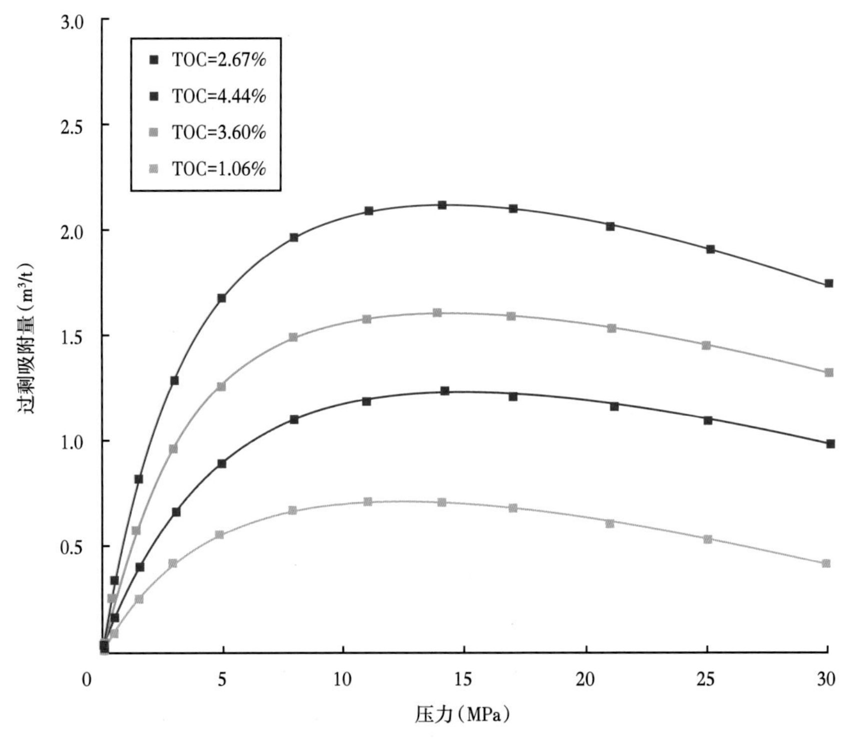

图5-6　不同有机碳含量页岩样品高压等温吸附曲线

进一步研究发现，有机碳含量与表示页岩吸附能力的参数 m_0 呈明显的线性相关关系（图 5-7），相关系数高达 0.8254，说明有机碳含量对页岩吸附能力具有主控作用，其含量的增高能够显著增强页岩的吸附能力。这一认识也与国内外学者对其他盆地页岩的认识一致。北美 New Albany 页岩有机碳含量介于 1%～25%，且在相同的压力条件下，页岩的吸附量与有机碳含量呈明显的正相关关系。由第三章的讨论可知，富有机质页岩中主要发育有机质纳米孔隙，这些纳米级孔隙为页岩气提供了大量的吸附比表面积，有机碳含量的增大使得页岩中纳米级孔隙的数量增多，能够提供给页岩气吸附的比表面积增大，且与页岩基质相比，有机质对气体分子具有更强的吸附能力，故有机碳含量的增大有利于页岩吸附能力的增强。

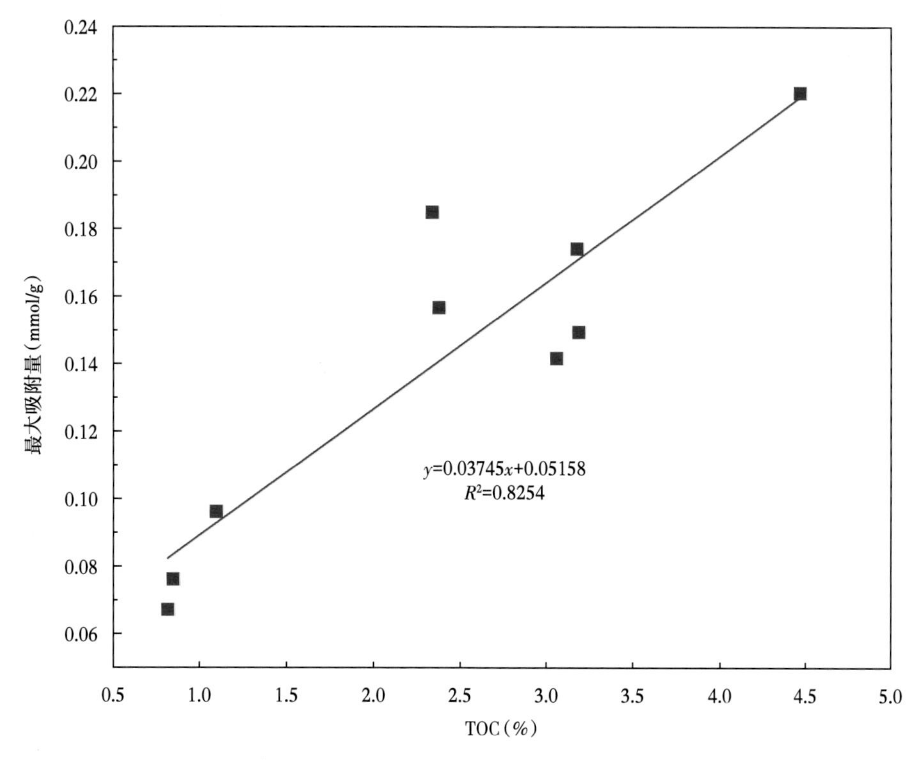

图 5-7　川南地区海相页岩样品有机碳含量与最大吸附量的关系

二、微观孔隙结构

页岩中的孔隙是页岩气吸附和赋存的场所，微观孔隙结构的特征显然对页岩的吸附能力有重要的影响。从扫描电镜的观察可知，研究区龙马溪组页岩中发育大量的有机质孔隙，连通性好，构成了页岩主要的孔隙网络，而有机质颗粒本身有较强的吸附性能，故有机质孔隙表面是页岩气主要的吸附场所。由第三章关于页岩储层微观孔隙结构的讨论可知，有机碳含量是影响页岩储层微观孔隙结构的主要因素，其也进一步影响了页岩的甲烷吸附能力。从总有机质含量、页岩孔隙比表面积以及甲烷饱和吸附量（m_0）的相互关系可以看出，三个参数之间互为正相关关系（图 5-8）。随着页岩中有机质含量的增大，发育在有机质颗粒中的有机质孔隙增多，因此能够为甲烷吸附提供位置的页岩比表面积增大，从而使得页岩的吸附能力增强。

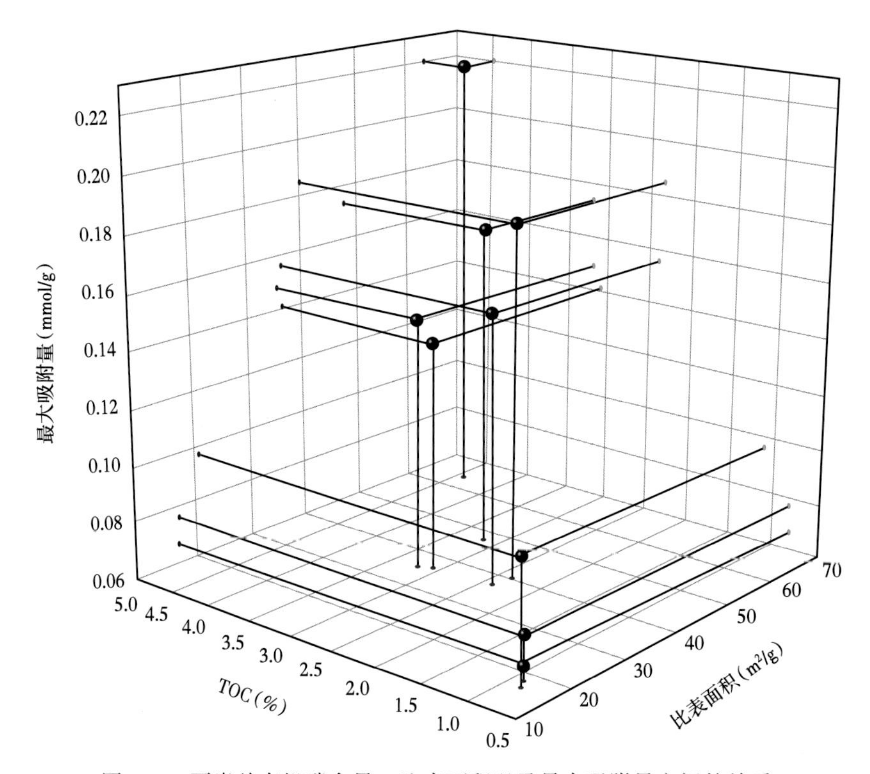

图 5-8　页岩总有机碳含量、比表面积以及最大吸附量之间的关系

与此同时，还发现，随着页岩中总有机碳含量的增多，页岩中微孔隙提供的比表面积占比增多，而介孔和宏孔隙提供的比表面积占比减少（图 5-9）。前人在研究北美白垩系页岩时发现，页岩的甲烷吸附能力随着页岩中微孔隙体积的增大而增强，微孔隙由于孔壁之间的距离更近，其能够提供的吸附势能远大于介孔和宏孔隙，所以总有机碳含量的增大有利于页岩中微孔隙的发育，从而使得页岩的吸附能力增强。

另外，页岩孔隙结构的分形特征也对页岩的吸附能力有一定的影响，从分形维数与最大吸附量的相关关系可以看出（图 5-10），随着分形维数的增大，页岩吸附能力增强，这主要是由于随着页岩孔隙分形维数的增大，页岩表面趋于复杂和粗糙，其能够提供的比表面积趋于增大，从而为甲烷提供了更多的吸附空间，使页岩吸附甲烷的能力增强。

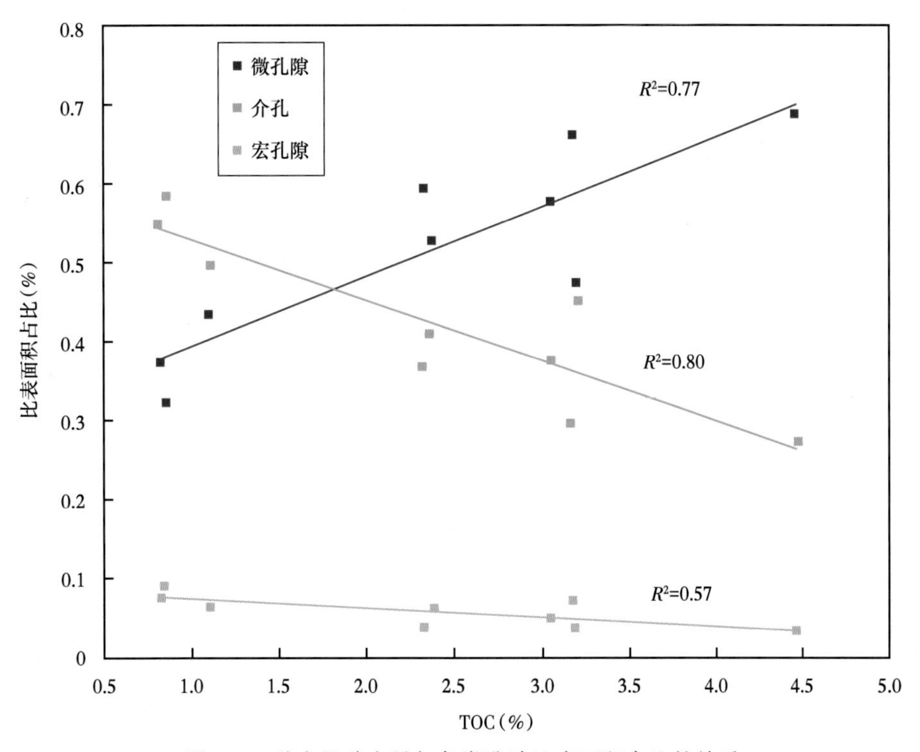

图 5-9　总有机碳含量与各类孔隙比表面积占比的关系

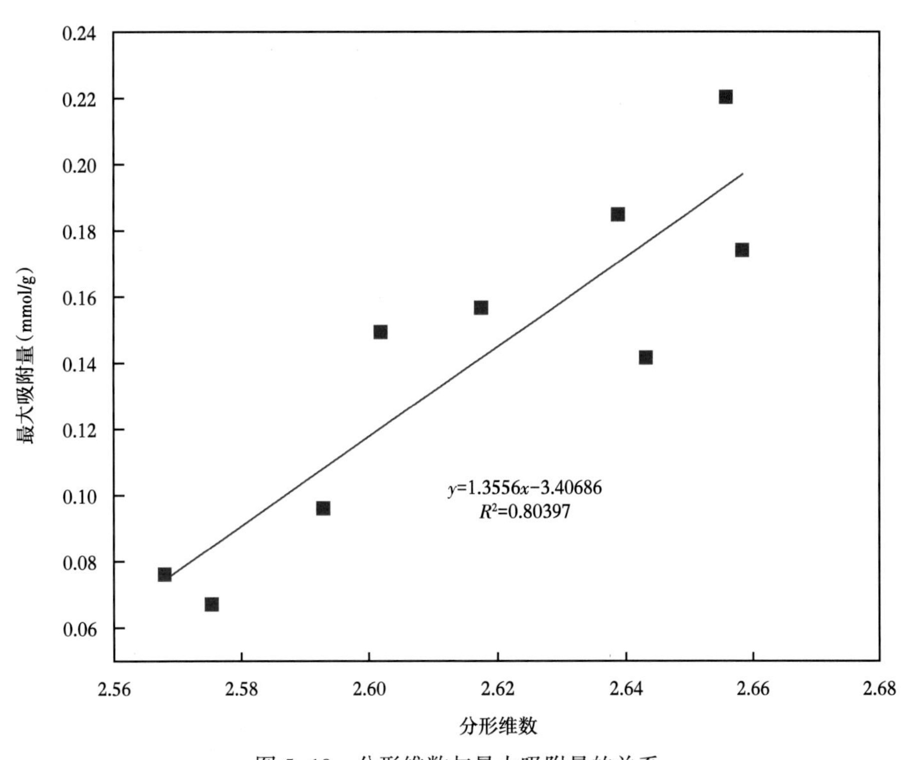

图 5-10　分形维数与最大吸附量的关系

三、黏土矿物含量

页岩中除了有机质外，黏土矿物也能提供一定的比表面积。研究表明，各类黏土矿物中蒙皂石的比表面积最大，其甲烷吸附能力也最强，蒙皂石的层间间距为 0.5～0.6nm（图 5-11），而甲烷分子的分子直径约为 0.38nm，故蒙皂石的层间可以吸附甲烷分子，而伊利石的层间间距约为 0.04nm，甲烷分子进不去。然而蜀南地区五峰—龙马溪组海相页岩处于成岩作用晚期，在该时期，岩石中大量的蒙皂石已经转化为伊利石，导致黏土矿物比表面积大大缩小。从扫描电镜图像上可以看出，研究区五峰—龙马溪组页岩中黏土矿物多致密，不发育纳米级孔隙。

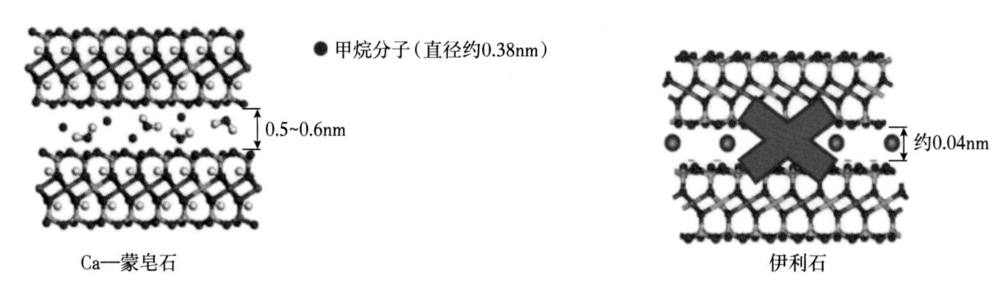

图 5-11　蒙皂石和伊利石分子结构示意图

为了讨论黏土矿物对研究区龙马溪组页岩甲烷吸附能力的影响，将 TOC 对吸附能力的影响进行归一化处理，然后对黏土矿物含量作交会图（图 5-12），从图中可以看出，归一化之后的页岩最大吸附量与黏土矿物含量之间相关性较差，说明富有机质海相页岩中黏

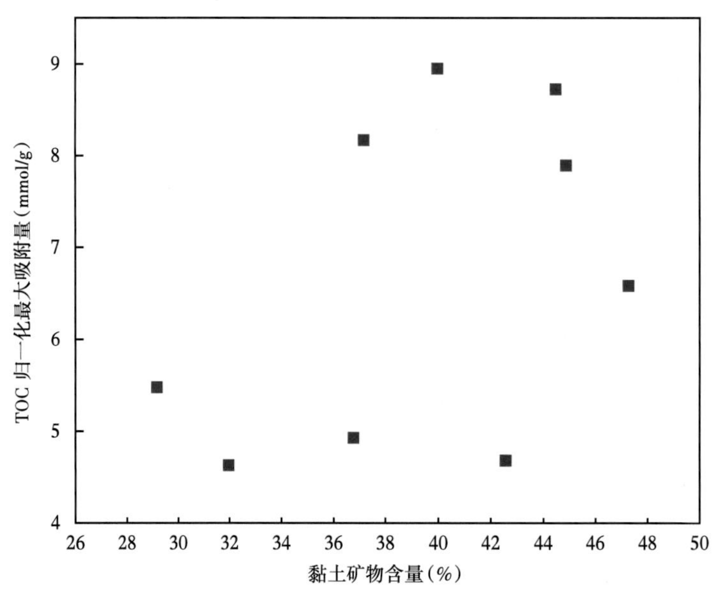

图 5-12　黏土矿物含量与 TOC 归一化最大吸附量交会图

土矿物对页岩甲烷吸附能力的贡献有限。前人研究发现，黏土矿物含量影响陆相页岩的甲烷吸附能力。由于陆相页岩中有机质孔隙有限，多发育无机孔隙，黏土矿物本身具有一定的吸附性能，故能够影响页岩的吸附能力。另外，黏土矿物的亲水性也制约了其吸附页岩气的能力。

四、温度、压力及湿度

为了探讨不同温度对吸附量的影响，本次实验设计了 30℃、50℃、70℃、90℃、110℃五个不同温度下的等温吸附实验（图 5-13）。实验结果表明，在同等压力的条件下，随着温度的增加，页岩的甲烷吸附量降低。甲烷在页岩中为物理吸附，物理吸附可逆，即可以吸附和解吸。物理吸附为放热过程，随着系统温度的升高，吸附质分子的动能增加，气体分子的热运动加剧，在气体分子获得足够的动能后，其挣脱固体分子对其的吸附作用，从而返回到主体相中，此时游离相的气体分子数增大，吸附相的分子数减小。由此可见，储层的温度是影响页岩吸附能力的关键参数之一，同时也是页岩气开采过程中甲烷吸附解吸的主控因素之一，随着温度的增加，能够使得页岩中的吸附气不断解吸出来，从而增加游离气的比例，提高页岩气井的采收率。

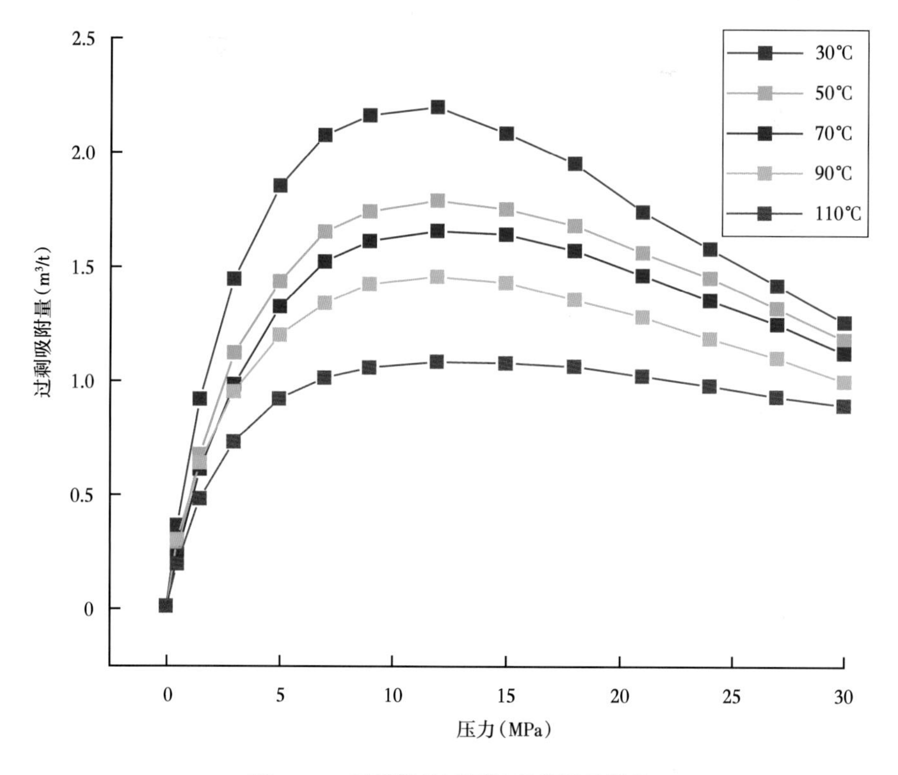

图 5-13 页岩样品不同温度等温吸附线

由页岩气等温曲线可知，在低压段时，页岩的绝对吸附量随着压力的增大而迅速增加，这是由于压力的增大能够使得分子吸附所需的结合能减小，从而使得气体分子能够更容易吸附到固体吸附剂上。在高压段（p>5MPa）时，随着压力的增大，吸附质分子运动的速度加快，导致其不容易被吸附剂捕获，从而降低了吸附剂的吸附能力，所以在高压段，随着压力的进一步增加，页岩的甲烷绝对吸附气量逐渐趋于饱和。

国内外勘探开发实践表明，地层压力对油气勘探开发有着至关重要的作用，其不仅促进了有机质的演化生烃，而且也决定了油气藏的开发方式。从含气量与地层压力的关系来看（图 5-14），随着地层压力的增加，气藏中的游离气量和吸附气量均增大，且游离气的占比越来越高。

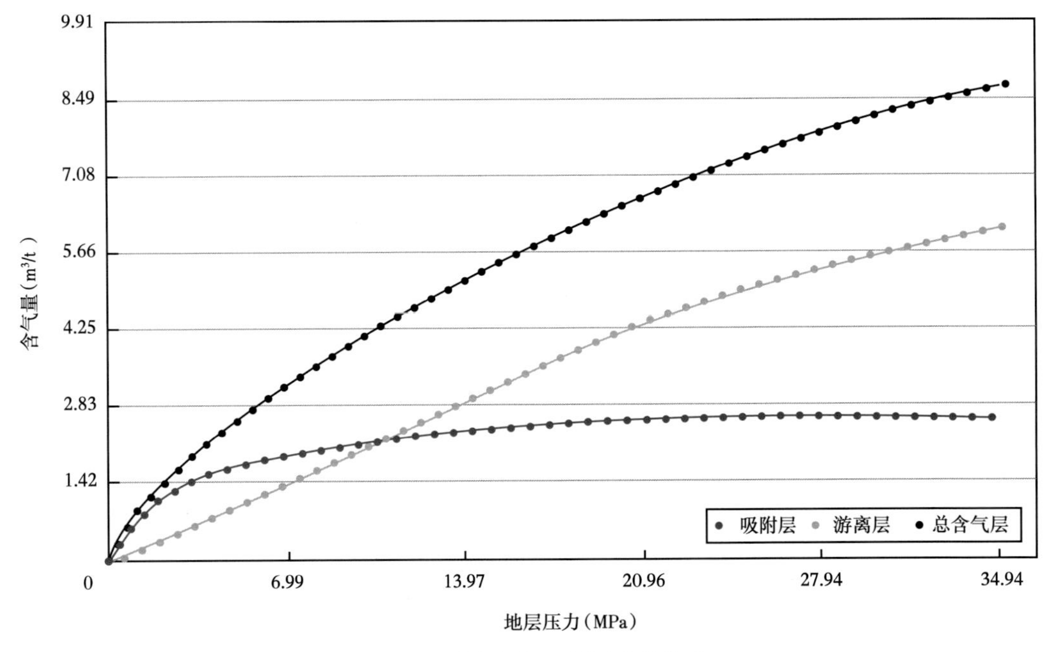

图 5-14　含气量与地层压力的关系

页岩储层的含水饱和度对页岩的吸附气量有一定的影响。在地层中，由于水分子较甲烷分子更容易吸附在页岩表面，当页岩表面被润湿以后，水分子占据了页岩的比表面，从而导致甲烷分子不能够接触到吸附表面，降低了页岩的吸附能力。Hartman（2009）对 Barnett 页岩的干燥岩样、未经处理的岩样以及平衡湿度的岩样进行了等温吸附实验，实验结果表明（图 5-15），干燥岩样的吸附量明显大于未经处理以及平衡湿度的岩样，岩样的湿度越大，页岩的吸附能力越小。张烈辉等（2015）对四川盆地南部地区龙马溪组页岩干燥样和平衡湿度岩样的实验同样表明，湿度的增加降低了页岩的吸附能力。

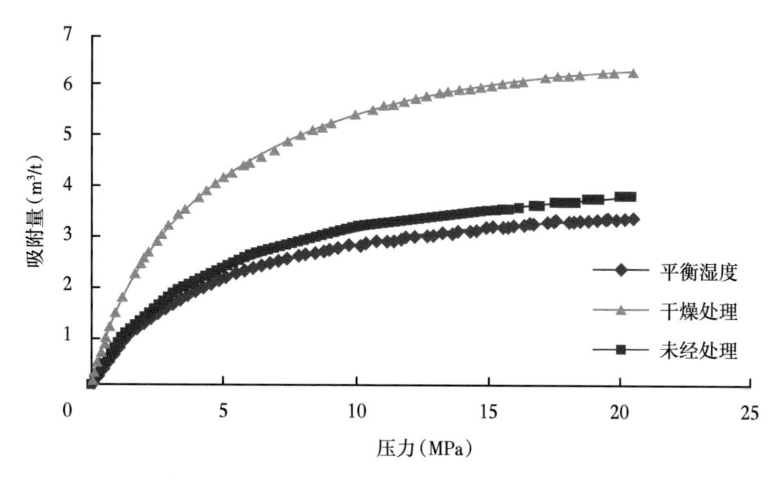

图 5-15　Barnett 页岩不同湿度的等温吸附线图

第三节　页岩气赋存状态分子模拟

与常规油气藏不同，页岩储层较为致密，对于页岩气藏的研究也需采用非常规的手段。按照研究对象的不同，可以将页岩气藏的研究分为以下五个级别(图 5-16)：(1)宏观级别，即对页岩储层特征的描述，包括常规的岩心描述等内容，通常情况下页岩储层在宏观级别下观察较为致密，肉眼观察不到孔隙；(2)介观级别，即对页岩储层中裂缝的识别和描述，这部分内容本书没有涉及，但裂缝对页岩气在地下的渗流提供了重要的通道，是页岩储层研究的一个重要方向；(3)微观界别，即描述页岩中孔隙的发育特征，本书使用扫描电镜观察孔隙发育特征即属于这一级别；(4)纳米级别，本书通过吸附实验表征页岩纳米级微观孔隙结构的发育特征即属于这一界别，通过低温氩气吸附实验实现了页岩储层纳米级孔隙的定量连续表征；(5)分子级别，即通过分子模拟手段来研究甲烷分子在页岩纳米级孔隙结构中的吸附行为及

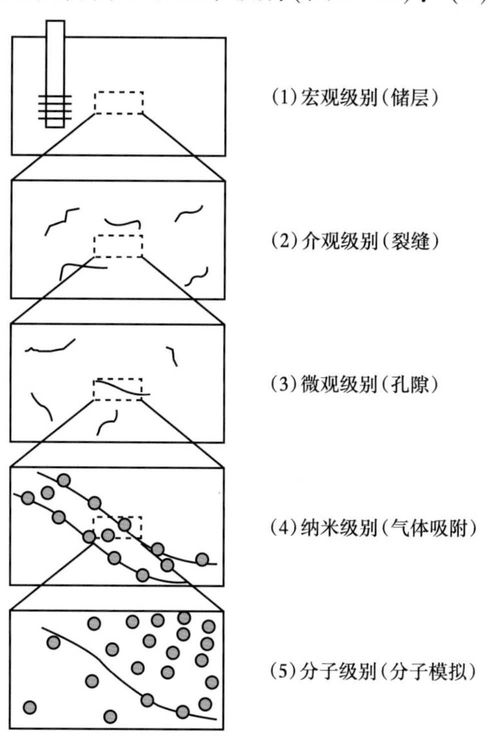

图 5-16　页岩气藏不同研究尺度示意图

机理。随着实验手段的不断发展以及研究尺度的不断细化，国内外学者们开始从分子的角度来研究气体在地层条件下的吸附行为，分子模拟是认识页岩气赋存状态、扩散运移机制的良好手段。

一、页岩气吸附的热力学特征

从分子运动的角度讲，吸附是在两相体系中，由于界面上原子受到的作用力不均匀，导致其中某一相的浓度(或密度)在界面上发生改变的现象。原子间的作用力作用主要由三项组成：

$$E_{\mathrm{total}}=E_{\mathrm{valence}}+E_{\mathrm{crossterm}}+E_{\mathrm{mon-bond}} \tag{5-8}$$

式中 E_{total}——体系的总势能；

E_{valence}——共价键之间的势能；

$E_{\mathrm{crossterm}}$——共价交叉项提供的势能；

$E_{\mathrm{non-bond}}$——非键势能，物理吸附作用就是由于非键势能的作用而产生的。

固体物质最表层的原子比内层原子拥有更少的相邻原子(图 5-17)，从而导致外层原子的受力失衡，从而导致了固体表面势能的产生，从而在固体表面吸附气体分子。

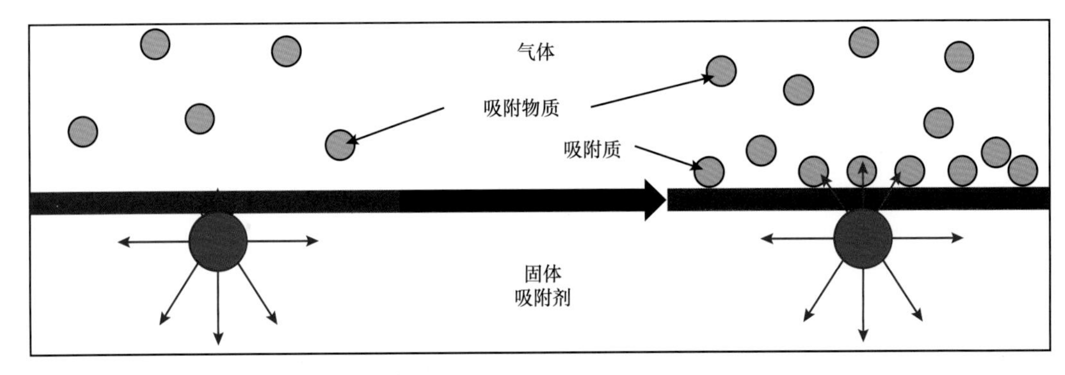

图 5-17　固体表面吸附气体示意图(据杨正红，2017)

吸附热是指在吸附过程中发生的热反应，吸附热值的大小可以衡量吸附强弱的程度，其值越大，吸附作用越强，是衡量吸附剂吸附能力强弱的重要指标。根据吸附剂表面与吸附质分子间作用力的性质不同，可将吸附分为物理吸附和化学吸附(表 5-3)。物理吸附的吸附力为范德华力，是非键势能的一种，物理吸附无选择性，吸附热通常小于 42kJ/mol，活化能较小，易脱附，既可以是单分子层吸附也可以是多分子层吸附；化学吸附在分子间形成了化学键，其吸附热通常大于 40kJ/mol，活化能较大，很难脱附，且只可能是单层吸附。页岩气所涉及的吸附作用均为物理吸附，页岩气的形成过程为吸附过程，页岩气的生产为脱附过程。

表 5-3 物理吸附与化学吸附对比

参数	吸附力	吸附热	选择性	吸附稳定性	分子层
物理吸附	范德华力	小于 40kJ/mol	无选择	易解吸	单分子/多分子层
化学吸附	化学键力	大于 40kJ/mol	有选择	不易解吸	单分子层

二、分子模拟实验设计

分子模拟是描述分子聚集体的行为，从分子的微观性质去推算体系的宏观性质，在科研中常常作为辅助的实验手段，被称为机器实验。其基本原理是通过分子间的相互作用函数求得每个分子所受到的作用力，进而了解分子的运动规律，在利用合适的统计方法得到整个系统的宏观性质。按照获得微观态的不同，可以将计算机分子模拟方法主要分为分子动力学(Molecular Dynamic)模拟方法和蒙特卡洛(Monte Carlo)模拟方法。

分子动力学模拟方法依靠牛顿力学来模拟分子体系的运动，然后再由分子体系的不同状态构成的系综中抽取样本，从而计算体系的构型积分，并以构型积分的结果进一步计算体系的宏观性质。蒙特卡洛模拟方法是一种利用随机取样处理问题和解决问题的计算机模拟方法，其基本思想是建立一个能够代表真实体系的概率模型或随机过程，通过对该模型或过程进行观察和抽样实验来计算所求问题的统计近似解，是一种统计平均。

1. 模型构建

在进行模拟前，首先需要构建分子模型。本节将页岩中的有机质孔隙理想化为狭缝孔隙(图 5-18)，狭缝孔由上下两层石墨组成，在中部形成了孔隙空间，在其中充填甲烷分子。狭缝模型在 A 方向和 B 方向取周期性边界条件，垂直方向的距离反映了孔隙的大小。

2. 势能模型

狭缝壁的碳原子以及甲烷分子均采用 Lennard-Jones (L-J)势能模型，其基本形式为：

$$\varphi_{sf}(r)=4\varepsilon_{sf}\left[\left(\frac{\sigma_{sf}}{\gamma}\right)^{12}-\left(\frac{\sigma_{sf}}{\gamma}\right)^{6}\right] \tag{5-9}$$

式中 ε_{sf}和σ_{sf}——势场参数。

本次模拟中所涉及的势场参数见表 5-4。采用 Lorentz-Berthelot 混合规则得到，公式如下：

$$\sigma_{ij}=\frac{\sigma_i+\sigma_j}{2},\quad \varepsilon_{ij}=\sqrt{\sigma_i\sigma_j} \tag{5-10}$$

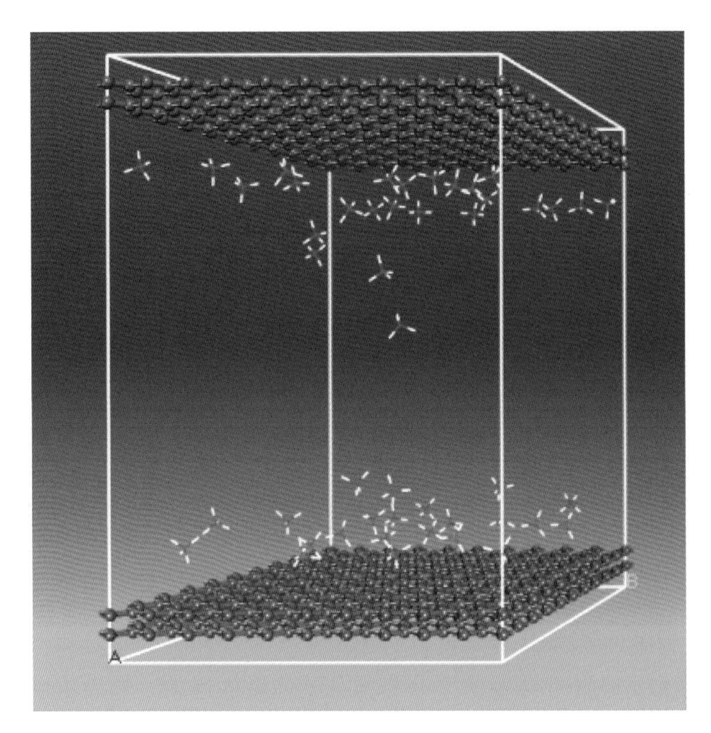

图 5-18　狭缝型有机质孔隙模型

表 5-4　每个原子的 L—J 势场参数和电荷

分子	原子	ε (K)	σ (nm)	q (e)
石墨	C	28.0	0.340	—
甲烷	C	148.1	0.373	0
	H	0	0	0

模拟采用 Materials Studio 软件 Sorption 模块中的 Fixed Pressure Sorption 以及 Adsorption Isotherm 任务分别进行定压吸附和等温吸附模拟，选择 COMPASS 力场，截断半径为 1.55nm，每个模拟的最大步数为 3×10^6，平衡步数为 1.5×10^6。

本次模拟实验将页岩中的有机质简化为石墨烯，利用巨正则蒙特卡洛方法研究甲烷在石墨烯狭缝孔中的吸附行为，并讨论温度和孔径对吸附的影响。巨正则是系综的一种分类，系综是在一定的宏观条件下，大量性质和结构完全相同的，处于各种运动状态的，各自独立的系综的集合。系综是用统计方法描述热力学系统的统计规律性时引入的基本概念，按照宏观约束条件，可将系综分为正则系综、微正则系综、等温等压系综、等压等焓系综以及巨正则系综，其中，巨正则系综具有确定的粒体积、温度以及化学势，常用于蒙特卡洛模拟中。在完成吸附模拟的基础上，进行分子动力学模拟，研究甲烷分子在石墨烯孔中的吸附微观结构。具体方案为：以石墨烯狭缝孔为原型，设计孔径分别为 1nm、1.5nm、2nm、3nm、4nm、6nm、8nm、10nm 共八种类型(图 5-19)，设计实验温度分别为 298K、318K、338K、358K，分别进行定压吸附模拟以及等温吸附模拟。

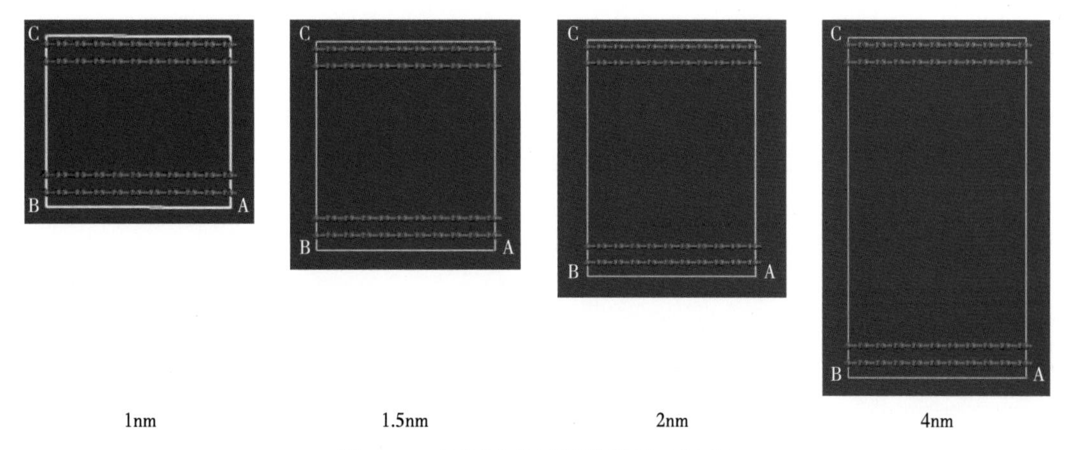

图 5-19　不同孔径石墨孔模型（部分）

3. 分子模拟结果

1) 压力对吸附量的影响

图 5-20 为在设定温度为 358K，孔径为 2nm 时，随着压力的增大，狭缝孔中的总含气量的变化，图中白色为甲烷分子分布图，红色为甲烷密度分布图。从图中可以看出，当压力极低时(p=2MPa)，仅有少数甲烷分子吸附在石墨孔的表面，随着实验压力的增大，充填在狭缝孔中的甲烷分子数逐渐增多，且孔隙中间的游离气密度逐渐增大，而吸附相密度变化不大。需要指出的是，狭缝中充填的甲烷总量相当于吸附气量和游离气之和，即总含气量。

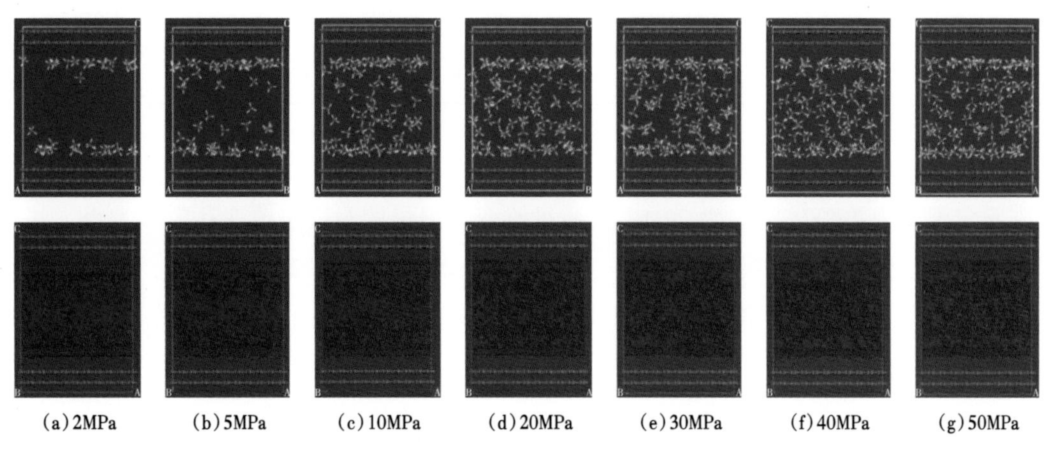

图 5-20　不同压力下甲烷吸附量的变化

2)温度对吸附量的影响

在设定压力为20MPa，孔径为2nm的前提下，比较了在298K、318K、338K、358K四个温度条件下吸附量的变化(图5-21，表5-5)。从图中可以看出，当温度为298K时，狭缝孔中的含气量最高，平均吸附量为104.81，随着温度的增加，吸附量逐渐减少，当温度升至358K时，狭缝孔中的平均吸附量降至82.36。在温度从298K增加到358K这一过程中，体系的吸附热从3.898kcal/mol降至3.770kcal/mol，一方面证明页岩气在地下的吸附属于物理吸附，另一方面也表明温度的升高减弱了体系的吸附能力。

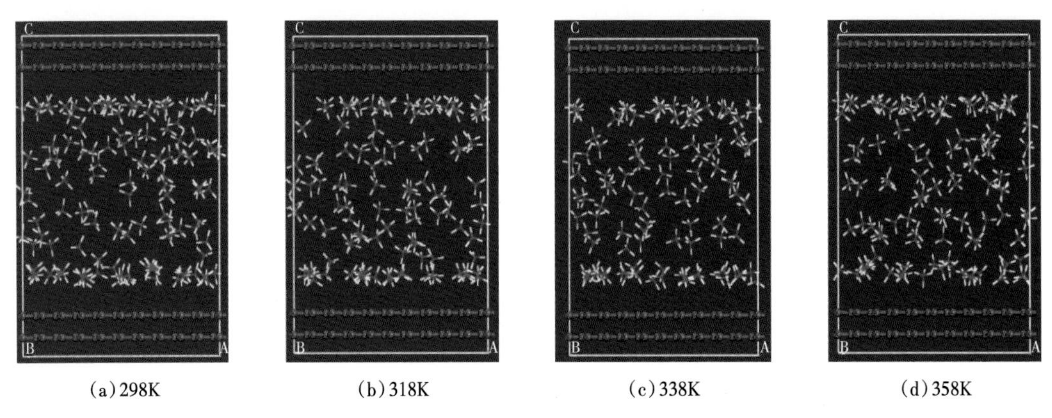

(a)298K (b)318K (c)338K (d)358K

图5-21 不同温度下吸附量的变化

表5-5 不同温度下的吸附参数

温度（K）	298	318	338	358
逸度（MPa）	19.55	19.55	19.55	19.55
平均吸附量	104.81	94.13	88.81	82.36
吸附热（kcal/mol）	3.898	3.831	3.837	3.770
平均能量（kcal/mol）	-12.400	-7.494	-8.161	-3.754

3)孔径对吸附量的影响

设定温度为298K、压力为20MPa，通过改变石墨烯的距离来改变孔隙的大小，并统计其中吸附量的多少以及吸附热的变化。实验结果表明(图5-22，表5-6)，随着孔隙空间的增大，平均吸附量逐渐增大，当孔径为1nm时，平均吸附量只有55.5，当孔径增大到10nm时，平均吸附量为255.38。同时，随着孔径的增大，体系的平均吸附热迅速减小，从1nm孔径对应的5.091kcal/mol降低到10nm孔径对应的2.103kcal/mol。

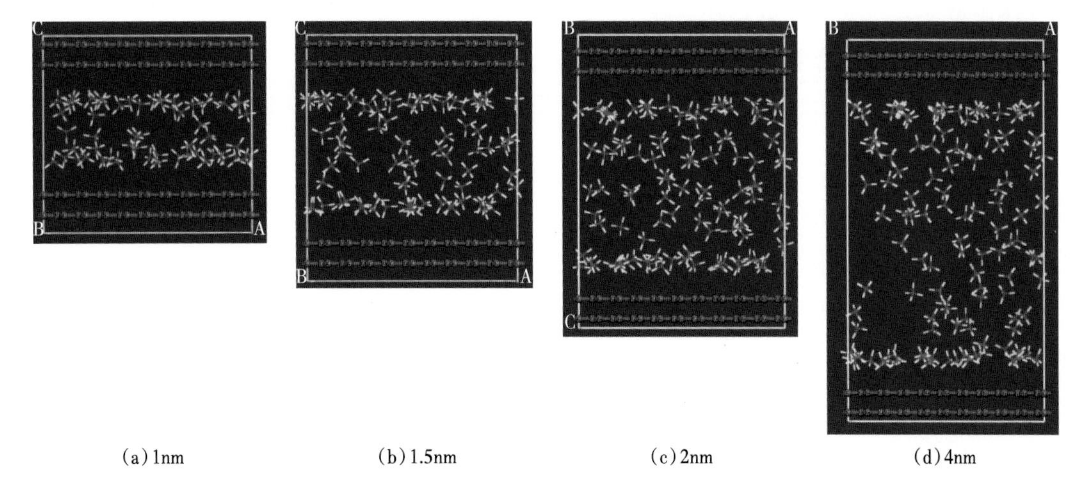

图 5-22　不同孔径吸附量的变化

表 5-6　不同孔径的吸附参数

孔径（nm）	1	1.5	2	3	4	6	8	10
平均吸附量	55.50	72.34	82.37	104.24	124.86	169.84	211.79	255.38
平均吸附热（kcal/mol）	5.091	4.256	3.770	3.272	2.881	2.545	2.278	2.103

从孔径与吸附热的关系上来看（图 5-23），随着孔径的增大，吸附热迅速递减，吸附能力减弱。当两个孔壁的距离拉近时，孔壁之间产生的范德华势重叠，吸附剂和吸附质的

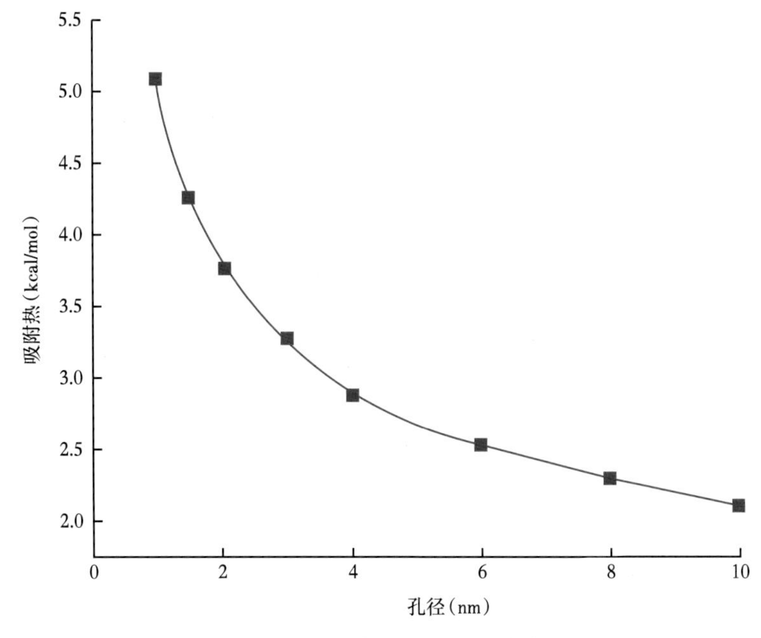

图 5-23　孔径与吸附热的相关关系

相互作用势变大，吸附质被更强地吸附。对于页岩而言，微孔隙的孔壁距离小于介孔和宏孔隙，其吸附势大于介孔和宏孔隙，当页岩有机碳含量增大时，页岩中的微孔隙数量增多，有利于页岩气的吸附。

4) 含气量分布

本次模拟中，吸附在孔隙空间中的甲烷分子称为总气体吸附量，是在一定的温度和压力条件下在孔隙空间中存在的气体总量，按照赋存状态，可分为自由气和吸附气两种相态。这里也存在绝对吸附量和过剩吸附量的概念，绝对吸附量为存在孔壁的孔隙体积中处于吸附状态的气体量，而过剩吸附量为单位孔隙体积吸附气体与不存在孔壁时相同体积吸附气体相比的附加量。如图 5-24 所示，存在于吸附空间中所有的气体分子为绝对吸附量，而红色的气体为过剩吸附量。

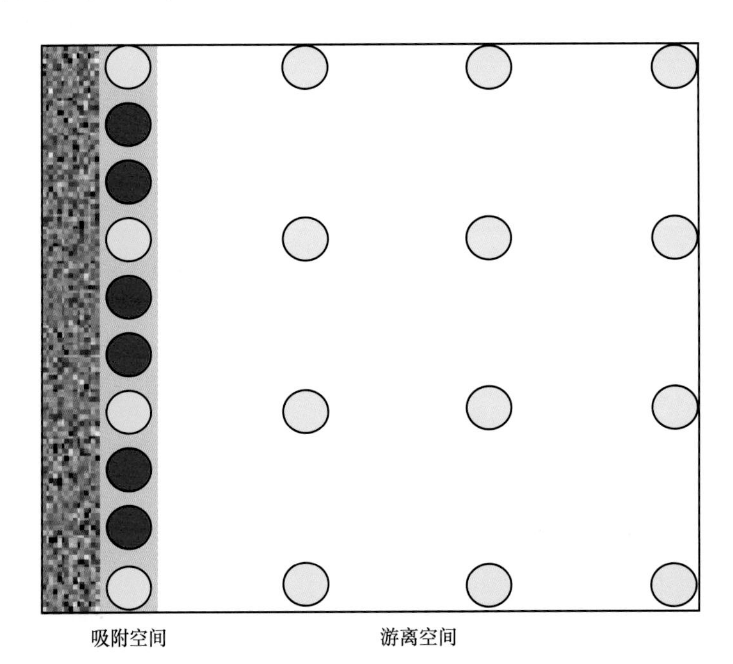

图 5-24　绝对吸附量与过剩吸附量关系示意图

由三者之间的关系，可以计算出狭缝孔中的过剩吸附量、绝对吸附量以及自由气量。首先，根据总含气量计算过剩吸附量，公式如下：

$$n_{ex}=N-\rho_{gas}V_p \tag{5-11}$$

式中　n_{ex}——过剩吸附量，mmol/g；

N——总含气量，mmol/g；

ρ_{gas}——自有气体密度，g/cm^3，可以根据气体状态方程求得；

V_p——孔隙空间的体积，cm^3，可以根据石墨烯孔壁的长、宽以及孔径的乘积求得。

再根据过剩吸附量与绝对吸附量的关系可求得绝对吸附量的值，公式如下：

$$n_{ab}=n_{ex}+\rho_{gas}V_{ab} \tag{5-12}$$

式中　n_{ab}——绝对吸附量，mmol/g；

V_{ab}——吸附空间的体积，cm^3。

根据第二节甲烷吸附等温线的拟合结果，甲烷在页岩中的吸附符合修正过的 Langmuir 方程，故认为甲烷在石墨烯表面的吸附为单层吸附，吸附相体积 V_{ab} 则可以通过石墨烯的面积与甲烷分子直径的乘积得到。最后根据总含气量与绝对吸附量的差值求得游离气量。图 5-25 为 298K 温度下，3nm 孔径狭缝孔中的含气量随压力的变化曲线，从中可以看出，随着压力的增大，总含气量和游离气量增大，过剩吸附量在低压段迅速增大，在 10MPa 时出现极大值，这与页岩的甲烷吸附实验结果一致。绝对吸附量大于过剩吸附量，在 10MPa 后出现平台。

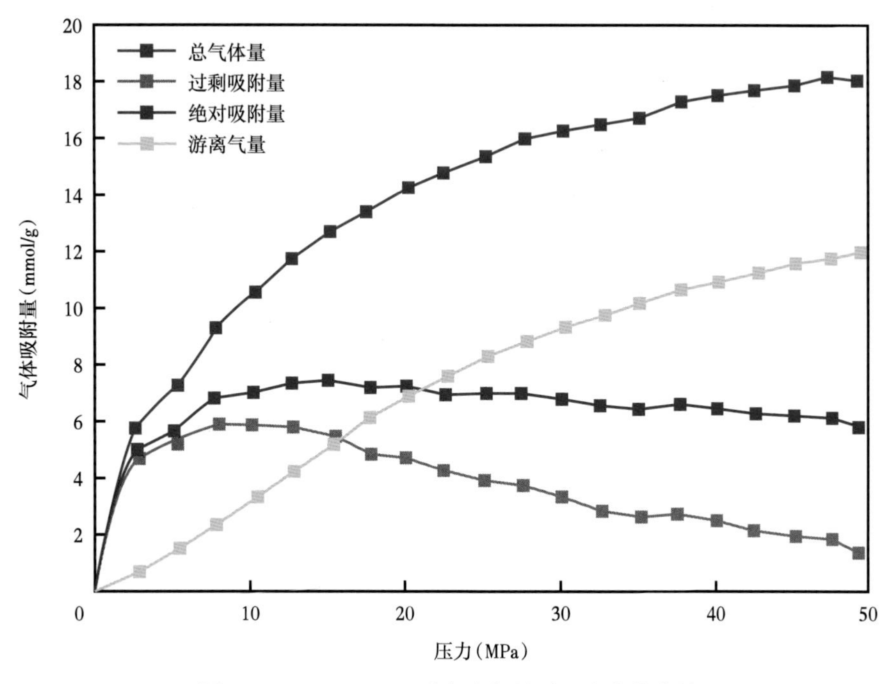

图 5-25　298K，3nm 孔径含气量随压力变化曲线

在上述计算方法的基础上，本节统计了在 298K 温度的条件下，不同孔径、不同压力下吸附气量（绝对吸附量）与总含气量的比值（图 5-26，表 5-7）。从统计结果可以看出，当孔径不变时，随着压力的增大，孔隙中吸附气的占比逐渐降低，低压段时吸附气占比下降较为明显，随着压力的进一步增大，吸附气占比下降放缓；在压力不变的情况下，孔径变化带来的吸附气占比变化明显，当孔径为 1nm 时，吸附气占比从压力 0.2MPa 时的

100%下降为压力 50MPa 时的 85%，当孔径为 10nm 时，吸附气占比从压力 0.2MPa 时的 84%下降为压力 50MPa 时的 9%。

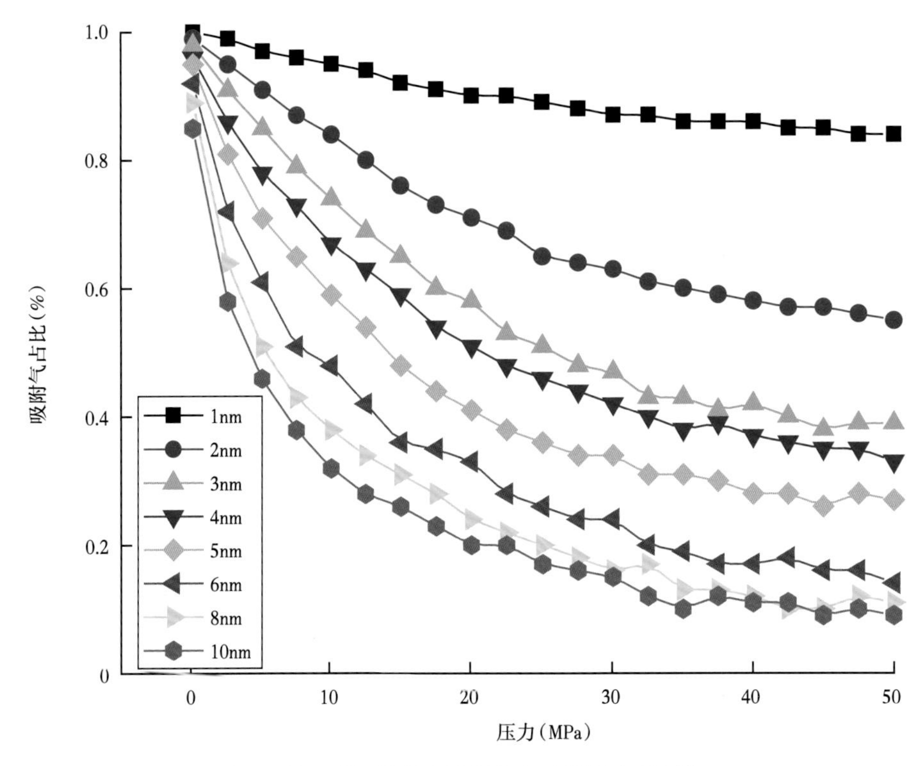

图 5-26　不同孔径中吸附气占比随压力的变化

由此可见，孔径越小，其中赋存的吸附气占比越大。从气藏类型的角度来说，煤层气埋藏深度较小，地层压力较低，且孔隙主要是由微孔隙组成，煤层气主要由吸附气构成；页岩气埋藏深度较大，地层压力较大，长宁—昭通地区达到了 50MPa 左右，孔隙较煤层大，故页岩气主要由吸附气和游离气构成。当压力为 50MPa、孔径为 3nm 时，吸附气占比为 33%左右。

表 5-7　298K 时不同压力不同孔径下绝对吸附量占比

孔径(nm) 占比 压力(MPa)	1	1.5	2	3	4	6	8	10
0.20	1.00	0.99	0.98	0.96	0.95	0.92	0.89	0.85
2.69	0.99	0.95	0.91	0.86	0.81	0.72	0.64	0.58
5.18	0.97	0.91	0.85	0.78	0.71	0.61	0.51	0.46
7.67	0.96	0.87	0.79	0.73	0.65	0.51	0.43	0.38
10.16	0.95	0.84	0.74	0.67	0.59	0.48	0.38	0.32

续表

压力(MPa) \ 孔径(nm) 占比	1	1.5	2	3	4	6	8	10
12.65	0.94	0.80	0.69	0.63	0.54	0.42	0.34	0.28
15.14	0.92	0.76	0.65	0.59	0.48	0.36	0.31	0.26
17.63	0.91	0.73	0.60	0.54	0.44	0.35	0.28	0.23
20.12	0.90	0.71	0.58	0.51	0.41	0.33	0.24	0.20
22.61	0.90	0.69	0.53	0.48	0.38	0.28	0.22	0.20
25.10	0.89	0.65	0.51	0.46	0.36	0.26	0.20	0.17
27.59	0.88	0.64	0.48	0.44	0.34	0.24	0.18	0.16
30.08	0.87	0.63	0.47	0.42	0.34	0.24	0.16	0.15
32.56	0.87	0.61	0.43	0.40	0.31	0.20	0.17	0.12
35.05	0.86	0.60	0.43	0.38	0.31	0.19	0.13	0.10
37.54	0.86	0.59	0.41	0.39	0.30	0.17	0.13	0.12
40.03	0.86	0.58	0.42	0.37	0.28	0.17	0.12	0.11
42.52	0.85	0.57	0.40	0.36	0.28	0.18	0.10	0.11
45.01	0.85	0.57	0.38	0.35	0.26	0.16	0.10	0.09
47.50	0.84	0.56	0.39	0.35	0.28	0.16	0.12	0.10
49.99	0.84	0.55	0.39	0.33	0.27	0.14	0.11	0.09

需要指出的是，分子模拟实验是将页岩中的孔隙理想化为石墨烯狭缝孔，与实际页岩储层还有较大差距。由第三章的页岩微观孔隙结构观察研究表明，页岩中有机质仅占少部分，页岩主要还是有矿物基质组成，且页岩中发育的孔隙类型多样，大小各异，表面粗糙，非均质性较强，这些因素都影响着吸附气在页岩中所占的比例，而分子模拟结果则忽视了页岩孔隙的非均质性，其本质上是揭示气体分子在固体表面的吸附行为和机理。

图 5-27 为 358K 温度条件下，不同孔径、不同压力条件下甲烷分子沿垂直于狭缝孔壁方向上的相对浓度分布。从图中可以看出，当狭缝孔壁距离为 10Å（1nm）时（图 5-27a），孔隙中仅在孔壁表面形成两层吸附分子层，由于甲烷分子直径约为 3.8Å，狭缝孔中没有空间赋存更多的甲烷分子，此时狭缝孔中几乎都为吸附分子；当狭缝孔壁距离增大为 15Å 时（图 5-27b），狭缝中除了两侧吸附层外，在孔隙中央还有一层相对浓度较小的“第二吸附层”，这可能与微孔隙充填作用相关，但主体为靠近石墨壁的单层吸附；当狭缝孔壁距离为 40Å 和 60Å 时（图 5-27c、d），甲烷分子仅在孔壁表面形成一层单分子层，随着离

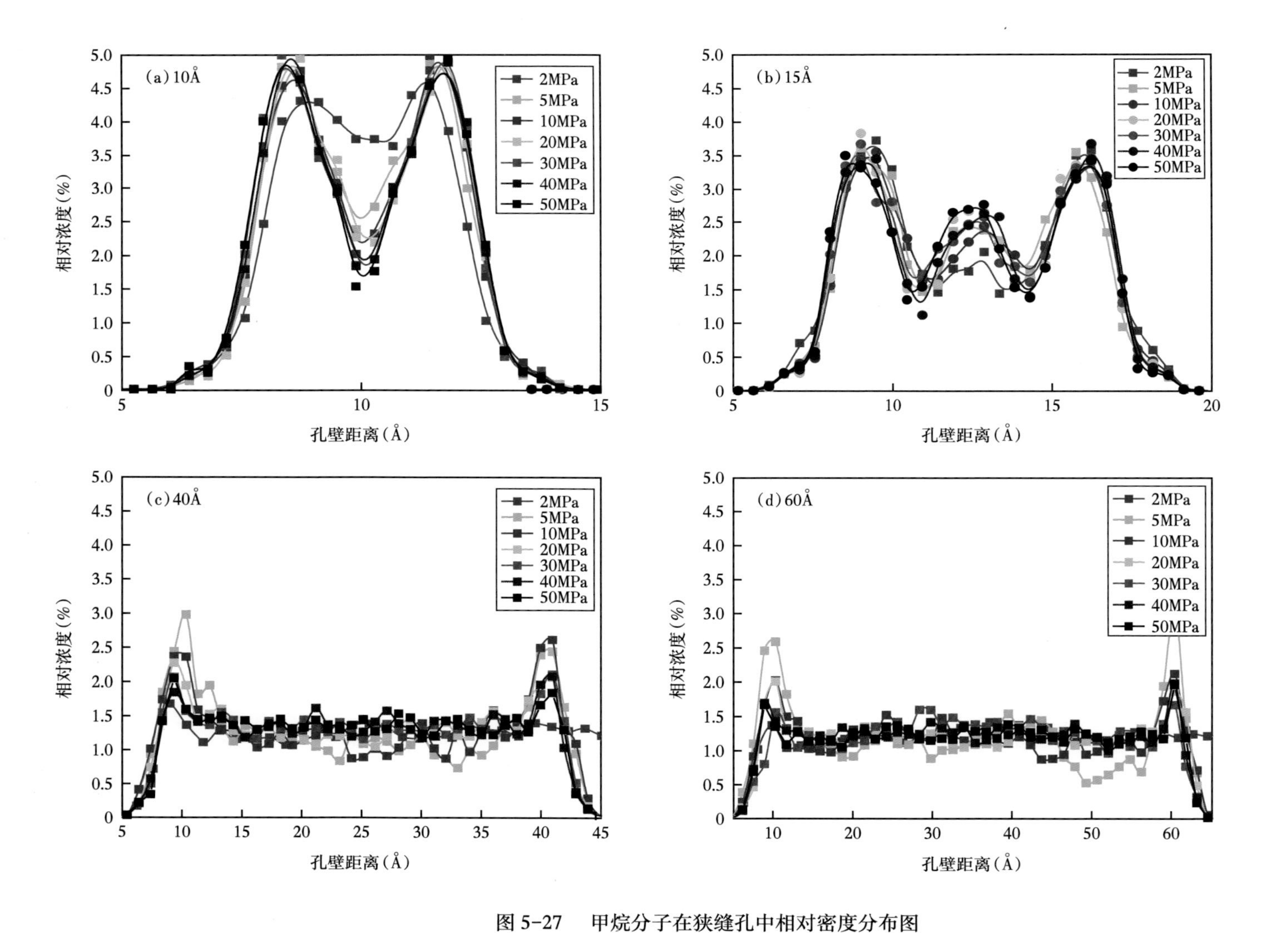

图 5-27　甲烷分子在狭缝孔中相对密度分布图

孔隙壁距离的增加，甲烷分了的相对浓度不再变化，此时甲烷分子以游离态存在，说明甲烷分子在狭缝孔中为单层吸附，这为 Langmuir 模型对吸附等温线的拟合提供了依据，也为后期吸附气和游离气含量计算的校正提供了思路。

第四节　川南海相页岩气含气量计算

页岩储层的含气量是评价页岩气的最重要参数之一，其值直接关系到地下页岩气储量的多少。页岩气含气量的影响因素较多，包括孔隙度、含气饱和度、有机碳含量、地层温压等。与常规气不同，页岩气主要由吸附气和游离气组成，含气量的计算也将分这两个部分分别计算。

含气量的计算方法分为直接测试法和间接的测井解释方法两种。直接测试法是借鉴煤层气的测试方法，测试现场的解吸气量、损失气量以及残余气量，由于其测试的结果为特定的岩样，无法用来表征全井段储层页岩气含量的特征，故本节利用测井计算法计算研究区含气量的大小。

图 5-28 为页岩储层的孔隙模型，从模型中可以看出，页岩基质主要由非黏土颗粒体积和黏土矿物体积等无机部分以及有机质组成，孔隙体积主要由吸附气体积以及游离气体积组成，在计算游离气含量时，须将吸附气所占据的体积从总孔隙体积中扣除。

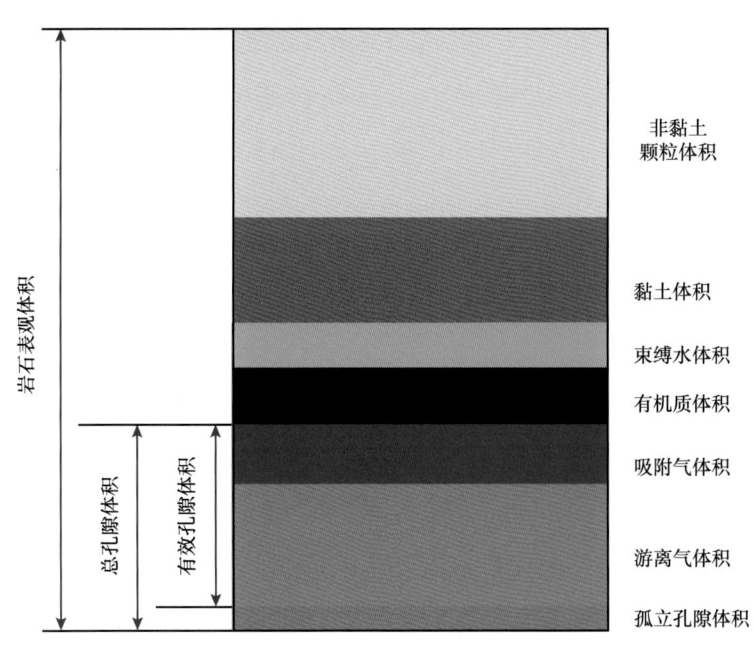

图 5-28　页岩孔隙体积模型

一、吸附气含量

吸附气是页岩气的主要组成部分，占总含气量的20%~85%。根据第四章的研究内容，使用经典的兰格缪尔等温吸附方程来进行页岩吸附气量的计算，这里的等温吸附数据需要使用校正过的绝对吸附量。虽然根据实验得到的吸附气含量是最大值，但考虑到研究区压力系数较大，说明保存条件较好，可以使用等温吸附方程计算得到的吸附气含量表示实际地层的吸附气含量。

为了方便计算，将 Langmuir 模型［式（5-13）］修改为如下格式：

$$V_a=\frac{V_L p}{p+p_L} \tag{5-13}$$

式中 V_a——吸附气含量，m^3/t；

V_L——Langmuir 体积，m^3/t，表示吸附剂的吸附能力；

p_L——Langmuir 压力，MPa，表示 1/2 Langmuir 体积所对应的压力；

p——地层压力，MPa。

等温吸附数据是基于特定的样品在特定的温度下通过实验手段得到的，对于连续的测井数据，计算吸附气量时必须进行必要的校正，包括温度、压力、有机碳含量、湿度等因素。

图5-29为长宁地区宁201井五峰—龙马溪组页岩样品有机碳含量与 Langmuir 体积以及 Langmuir 压力的相关关系，由图可知，Langmuir 体积与有机碳含量呈正相关关系，具体计算公式如下：

$$V_L=0.88\mathrm{TOC}+1.19 \tag{5-14}$$

Langmuir 压力与有机碳含量呈指数递减关系，具体计算公式如下：

$$p_L=15.74\mathrm{TOC}^{0.37} \tag{5-15}$$

随着地层深度的变化，地层压力和温度都会发生响应的变化，地层压力与地层深度计算公式如下：

$$p=p_c\rho_w gh\times10^{-6} \tag{5-16}$$

式中 p_c——地层压力系数，无量纲；

ρ_w——水的密度，kg/cm^3；

g——重力加速度，9.8N/kg；

h——地层埋深，m。

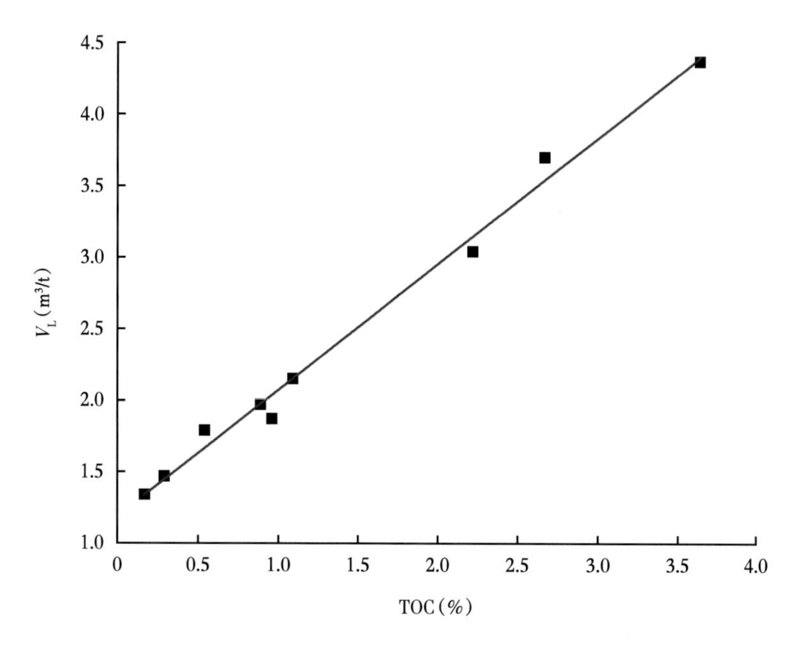

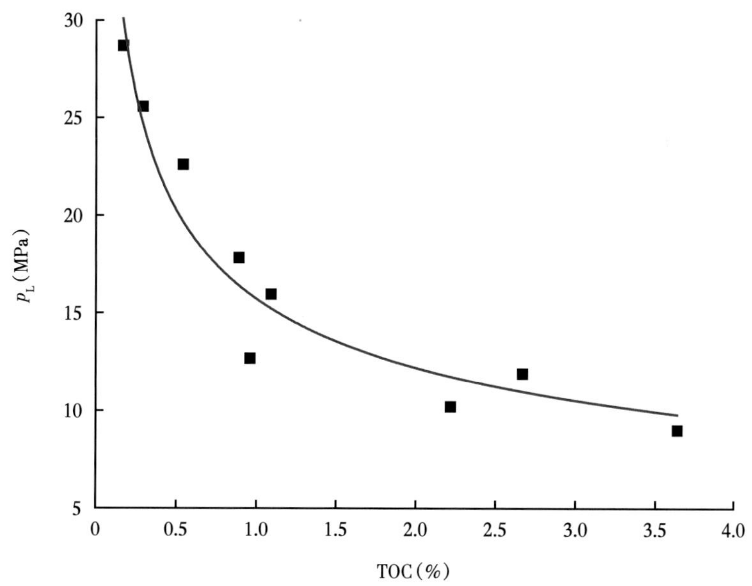

图 5-29　宁 201 井有机碳含量与 Langmuir 体积以及兰式压力的关系

地层温度与埋藏深度的计算公式如下：

$$t=t_0+t_G h \tag{5-17}$$

式中　t——地层温度，℃；

t_0——地表温度，℃；

t_G——地温梯度，℃/m。

为了校正温度对吸附气含量的影响，本节应用斯伦贝谢公司的温度校正公式，具体形式如下：

$$V_{Lt}=10^{(-c_1t+c_2)};\ p_{Lt}=10^{(c_3t+c_4)} \tag{5-18}$$

$$c_2=\lg V_L+(c_1T_i);\ c_4=\lg p_L+(-C_3T_i) \tag{5-19}$$

式中 V_{Lt}——温度校正过的兰式体积，m^3/t；

p_{Lt}——温度校正过的兰式压力，MPa；

$c_1=0.0027$，$c_3=0.005$，c_2 和 c_4 为过渡变量；

T_i——等温吸附实验的温度,℃。

Langmuir 方程经过温度和有机碳含量的校正后，得到校正后的吸附气含量计算公式：

$$C_a=\frac{V_{Lt}p}{p+p_{Lt}} \tag{5-20}$$

二、游离气含量

与常规气藏的含气量计算相似，页岩气中的游离气含量主要与孔隙度以及含气饱和度有关，Lewis 等(2004)提出页岩游离气含量的计算公式：

$$C_f=\frac{\phi S_g}{B_g\rho_b} \tag{5-21}$$

式中 C_f——游离气含量，m^3/t；

ϕ——孔隙度；

S_g——含气饱和度；

B_g——天然气体积系数，无纲量；

ρ_b——地层密度，g/cm^3。

由第四章的讨论可知，吸附气占据了一定的吸附空间，故式(5-21)中的孔隙度值计算偏大，在计算游离气含量时应该减去吸附气所占据的体积空间。根据游离气含气量校正模型计算研究区游离气含量，计算模型如下：

$$C_f=\frac{\phi S_g}{B_g\rho_b}-\frac{1.318\times10^{-6}M}{B_g\rho_s}C_a \tag{5-22}$$

式中 M——甲烷分子质量，16g/mol；

ρ_s——吸附态甲烷密度，g/cm^3。

公式前半部分与式(5-21)相同，后半部分为吸附相校正项。

游离气含量的计算涉及将页岩地层条件下的含气量换算到1个大气压和25℃的标准条件下的游离气含量，即需要准确求取天然气体积系数。天然气体积系数是指在地面标准状态下单位体积天然气在地层条件下的体积，计算公式如下：

$$B_g = \frac{p_{sc} Z_i T}{p_i T_{sc}} \tag{5-23}$$

式中　p_{sc}——地面标准压力，MPa；

Z_i——原始气体偏差系数，无量纲；

T——地层温度，K；

p_i——地层压力，MPa；

T_{sc}——地面标准温度，K。

三、页岩单井含气量计算

根据吸附气和游离气含气量计算模型，可以得到研究区总含气量的分布，计算公式为：

$$V_t = V_a + V_f \tag{5-24}$$

式中　V_t——总含气量，m^3/t；

V_a——吸附气含量，m^3/t；

V_f——游离气含量，m^3/t。

根据式(5-24)，计算研究区关键井的含气量分布。图5-30为研究区两口评价井储量计算参数单井柱状图，表5-8为长宁地区和昭通地区评价井优质层段有机碳含量、孔隙度以及吸附气、游离气含量数值表。

表5-8　蜀南地区评价井关键参数表

层位	长宁地区				昭通地区			
	TOC (%)	孔隙度 (%)	吸附气 (m^3/t)	游离气 (m^3/t)	TOC (%)	孔隙度 (%)	吸附气 (m^3/t)	游离气 (m^3/t)
龙一$_1^4$小层	1.71	5.36	1.23	3.16	2.21	5.50	0.93	2.45
龙一$_1^3$小层	3.95	7.11	2.75	3.61	3.27	5.80	2.38	3.07
龙一$_1^2$小层	3.97	5.07	2.76	3.34	3.21	4.40	2.26	2.87
龙一$_1^1$小层	7.03	5.64	3.85	3.21	3.89	4.90	2.98	3.36
五峰组	2.67	6.61	1.78	3.53	3.16	5.60	1.38	2.48
平均	3.87	5.96	2.47	3.37	3.15	5.24	1.97	2.85

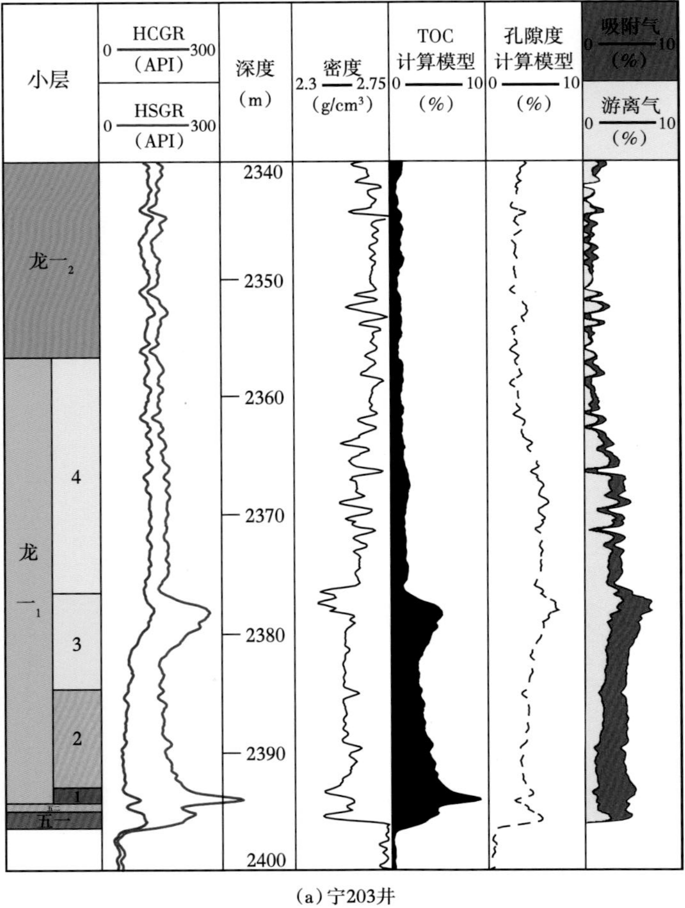

(a) 宁203井

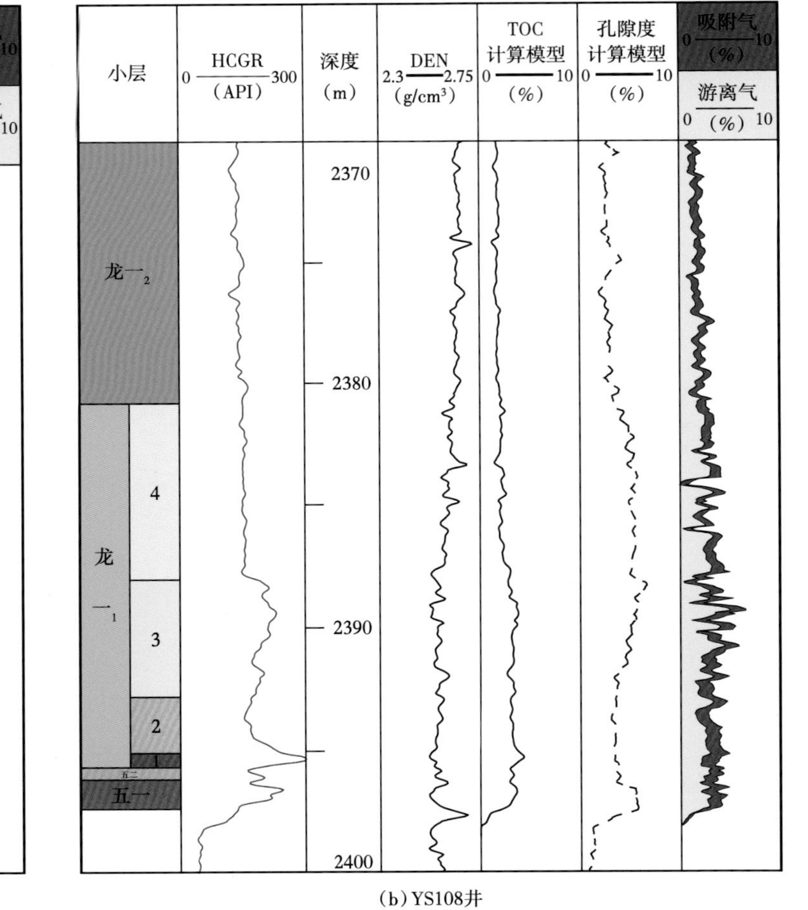

(b) YS108井

图 5-30 蜀南地区评价井单井含气量图

由表5-8可知，长宁地区优质页岩层段平均TOC为3.87%，平均孔隙度为5.96%，吸附气含量平均为2.47m^3/t，游离气含量平均为3.37m^3/t。昭通黄金坝地区优质页岩层段平均TOC为3.15%，平均孔隙度为5.24%，吸附气平均含量为1.97m^3/t，游离气含量平均为2.85m^3/t。总体来看，长宁地区储层质量优于昭通地区。垂向上，龙一$_1^1$小层TOC含量最高，其吸附气含量也最高；龙一$_1^1$小层、龙一$_1^3$小层以及五峰组孔隙度较高，其游离气含量优于龙一$_1^2$小层和龙一$_1^4$小层。

四、开发储量计算

页岩气藏储量计算方法可分为静态法和动态法两类，其中，动态法主要包括物质平衡法和递减曲线法两类，然而，现阶段中国页岩气还处于开发早期，且进网不完善，故适用于油气田开发中后期的动态法不适合现阶段我国页岩气藏储量的计算，故本节采用静态法进行蜀南地区页岩气藏开发储量的计算。

本书参考中华人民共和国地质矿产行业标准（DZ/T 0254-2014）——页岩气资源/储量计算与评价技术规范，在含气量计算的基础上本节采用体积法计算研究区五峰组—龙一$_1$亚段页岩气储量。计算公式如下：

$$G_t = 0.01Ah\rho_b V_t \tag{5-25}$$

式中　G_t——地质储量，10^8m^3；

A——含气面积，km^2；

h——有效厚度，m。

研究区地质储量结果见表5-9，其中长宁N201井区取面积145km^2，昭通黄金坝YS108井区取面积154km^2。从表中可以看出，长宁N201井区五峰组—龙一$_1$亚段段地质储量为700.01×10^8m^3，储量丰度为4.82×$10^8m^3/km^2$。昭通黄金坝YS108井区五峰组—龙一$_1$亚段地质储量为570.25×10^8m^3，储量丰度为3.70×$10^8m^3/km^2$。对比来看，昭通地区面积以及有效厚度与长宁地区相当，地层密度高于长宁地区，说明有机质含量较长宁地区低，孔隙度也偏低，从而造成了吸附气含量以及游离气含量普遍低于长宁地区，造成了总含气量偏低，从而影响了地质储量和储量丰度。纵向上来看，长宁地区目前水平井主要动用层位（五峰组—龙一$_1^2$小层）储量占比35.9%，昭通地区这一比例为29.2%，说明目前井轨迹条件下动用的页岩气储量较低。

表 5-9 蜀南地区五峰—龙马溪组地质储量计算表

井区	层段	面积 (km²)	厚度 (m)	密度 (g/cm³)	吸附气 (m³/t)	游离气 (m³/t)	总含气 (m³/t)	地质储量 (10^8m^3)	储量丰度 ($10^8m^3/km^2$)
长宁 N201	龙一$_1^4$小层	145	15.16	2.44	1.23	3.16	4.93	264.42	1.82
	龙一$_1^3$小层		8.09	2.54	2.75	3.61	6.19	184.43	1.27
	龙一$_1^2$小层		7.71	2.55	2.76	3.34	6.06	172.76	1.19
	龙一$_1^1$小层		1.27	2.52	3.85	3.21	7.34	34.06	0.23
	五峰组		2.08	2.43	1.78	3.53	6.05	44.34	0.31
	合计		34.31	2.50	2.47	3.37	6.11	700.01	4.82
昭通 YS108	龙一$_1^4$小层	154	14.39	2.64	0.93	2.45	3.38	197.74	1.28
	龙一$_1^3$小层		9.48	2.59	2.38	3.07	5.45	206.08	1.34
	龙一$_1^2$小层		4.60	2.59	2.26	2.87	5.13	94.12	0.61
	龙一$_1^1$小层		1.16	2.56	2.98	3.36	6.34	28.99	0.19
	五峰组		2.45	2.58	1.97	2.48	4.45	43.32	0.28
	合计		32.08	2.59	2.10	2.85	4.95	570.25	3.70

第六章　结论与认识

本书以川南地区奥陶系五峰组—志留系龙马溪组海相页岩为研究对象，以实验技术手段为基础，结合多学科内容，重点研究蜀南地区页岩储层微观孔隙结构特征、富有机质页岩吸附能力及吸附机理、页岩储层质量评价、页岩气开发区块开发储量及储量纵向动用程度评价等内容，取得如下成果：

(1)蜀南地区下古生界上奥陶统五峰组—下志留统龙马溪组页岩形成于深水陆棚相带，处于厌氧还原环境，岩性主要为黑色碳质页岩、硅质页岩以及钙质页岩。根据目的层段页岩岩性及电性特征，可以将五峰—龙马溪组划分为四段：五峰组、龙一$_1$亚段、龙一$_2$亚段以及龙二段，其中，龙一$_1$亚段又可进一步划分为龙一$_1^1$小层、龙一$_1^2$小层、龙一$_1^3$小层和龙一$_1^4$小层，区域上地层分布稳定。

(2)蜀南地区五峰—龙马溪组海相页岩样品主要由石英、黏土矿物以及碳酸盐岩矿物组成，并含有少量长石和黄铁矿，黏土矿物主要由伊/蒙混层和伊利石组成，说明页岩储层进入到成岩演化后期。页岩脆性矿物含量较高，且随着深度的增加，脆性矿物含量有增加的趋势，有利于后期工程压裂的实施。页岩总体处于过成熟阶段，目的层段五峰组—龙一$_1$亚段有机碳含量总体超过2%，为页岩气的生成提供了一定的物质基础。目的层段页岩孔隙度平均值为5.68%，为页岩气的赋存提供了一定的储集空间。页岩孔隙度与有机碳含量呈正相关关系。

(3)储层微观孔隙结构复杂，根据场发射扫描电镜的观察结果，研究区页岩储层孔隙类型可以分为有机质孔隙、粒间孔隙以及粒内孔隙三类，下部生产层段富有机质页岩以有机质孔隙为主。聚焦离子束扫描电镜对页岩样品的三维切割成像显示，页岩中有机质孔隙连通性较好，孔径主要分布在30nm以下。

(4)低温气体吸附实验表明，二氧化碳吸附实验适用于1nm以下微孔隙的测量，氮气吸附实验适用于2nm以上介孔孔径的测量，而氩气吸附实验可以实现100nm以下纳米级孔径全孔径定量连续测量。氩气吸附实验结果表明，蜀南地区五峰—龙马溪组富有机质页岩样品比表面积为16.846~63.738m^2/g，孔体积为0.050~0.092cm^3/g，微孔隙和介孔贡献页岩90%以上的比表面积，是页岩气主要的吸附场所，介孔和宏孔隙贡献页岩90%以上的孔体积，是页岩气主要的储存场所。氩气等温吸附数据表明，页岩孔隙表面具有分形特征，页岩样品分形维数介于2.5680~2.6584，随着孔隙表面分形维数的增加，孔隙表面分形维数增大，能够提供的比表面积增大。

(5)富有机质页岩内有机质孔隙为页岩气提供了巨大的吸附表面，有机碳含量是影响页岩微观孔隙结构的主要因素，有机碳含量是影响研究区五峰—龙马溪组页微观孔隙结构发育的主要因素，随着页岩中有机碳含量的增加，页岩中有机质孔隙数量增多，比表面积和孔体积增大，平均孔径减小，孔隙表面分形维数增大，微观孔隙非均质性增强；对于海相富有机质页岩，成岩作用晚期的黏土矿物对页岩微观孔隙发育贡献有限；对于处于过成熟阶段的海相页岩，成熟度的增加在一定范围内有助于微观孔隙的发育，但是过高的成熟度会造成有机质孔隙度发育程度的降低。

(6)使用精度更高的重力法进行页岩高温高压甲烷吸附实验，得到90℃、30MPa下的等温吸附线，等温吸附线在12MPa左右出现极值，随后吸附量开始下降，这是超临界状态下实验测试等温吸附曲线的必然结果，必须校正为绝对吸附量才能准确反映页岩实际的吸附能力。经过校正的三元Langmuir方程能够较好地拟合过剩吸附曲线，相关系数大于0.99，说明经典的Langmuir单层吸附模型可以较好地反映页岩气微观吸附机理。由Langmuir模型得到的吸附性能参数 m_0 为0.067~0.220mmol/g，不同页岩样品甲烷吸附能力存在显著差异。

(7)有机碳含量是影响蜀南地区龙马溪组海相页岩甲烷吸附能力的主要因素，随着有机碳含量的增大，有机质孔隙增多，微孔隙占比上升，微观孔隙结构分形增大，孔隙表面粗糙程度增大，比表面积增大，页岩吸附能力增强。研究区富有机质页岩中的黏土矿物对页岩的吸附能力贡献有限。另外，温度、湿度的增加都会降低页岩的吸附能力。

(8)将页岩有机质孔隙理想化为石墨狭缝孔，采用巨正则蒙特卡洛模拟方法模拟甲烷分子在狭缝孔中的吸附行为。结果表明：有机质孔隙对甲烷的吸附属于物理吸附；页岩在微孔隙(小于2nm)中的吸附热远大于介孔和宏孔隙，是甲烷吸附的主要场所；随着温度的增加，体系的吸附能力减弱；压力和孔径的增大都会导致体系中吸附气的占比降低。吸附相甲烷的局部密度分布图结果表明，甲烷分子在狭缝孔中的吸附为单层吸附。

(9)在建立有机碳含量和孔隙度测井解释模型的基础上，优选孔隙度和有机碳含量作为页岩储层物性指数，应用杨氏模量和泊松比计算页岩储层脆性指数，并综合物性指数和脆性指数，使用熵权法计算页岩储层质量指数，实现页岩储层质量定量连续表征。

(10)根据等温吸附实验结果，经过温压校正以及TOC校正得到吸附气含量解释模型，根据孔隙度及含水饱和度测井解释模型以及吸附气含量得到校正后的游离气含量，并使用体积法计算蜀南地区长宁201井区以及昭通黄金坝井区五峰组—龙一$_1$亚段的开发储量。其中，长宁201井区开发储量为 $700.01\times10^8m^3$，储量丰度为 $4.82\times10^8m^3/km^2$。昭通黄金坝YS108井区五峰组—龙一$_1$亚段地质储量为 $570.25\times10^8m^3$，储量丰度为 $3.70\times10^8m^3/km^2$。

参考文献

毕赫，等，2014. 渝东南地区龙马溪组页岩吸附特征及其影响因素[J]. 天然气地球科学，25(2)：302-310.

蔡建超，等，2015. 多孔介质分形理论与应用[M]. 北京：科学出版社.

曹涛涛，等. 2016. 氮气吸附法—压汞法分析页岩孔隙、分形特征及其影响因素[J]. 油气地质与采收率，23(2)：1-8.

陈磊，等，2016. 陆相页岩微观孔隙结构特征及对甲烷吸附性能的影响[J]. 高校地质学报，22(2)：335-343.

陈磊，等，2017. 页岩纳米孔隙分形特征及其对甲烷吸附性能的影响[J]. 科学技术与工程，17(2)：31-39.

陈萍，等，2001. 低温氮吸附法与煤中微孔隙特征的研究[J]. 煤炭学报，26(5)：552-556.

陈尚斌，等，2012. 川南龙马溪组页岩气储层纳米孔隙结构特征及其成藏意义[J]. 煤炭学报，37(3)：438-444.

陈新军，等，2012. 页岩气资源评价方法与关键参数探讨[J]. 石油勘探与开发，39(5)：566-571.

程鹏，等，2013. 很高成熟度富有机质页岩的含气性问题[J]. 煤炭学报，38(5)：737-741.

邓康龄，1992. 四川盆地形成演化与油气勘探领域[J]. 天然气工业，12(5)：7-12.

董大忠，等，2012. 全球页岩气发展启示与中国未来发展前景展望[J]. 中国工程科学，14(6)：69-76.

董大忠，等，2016. 中国页岩气地质特征、资源评价方法及关键参数[J]. 天然气地球科学，27(9)：1583-1601.

郭旭升，等，2014. 四川盆地焦石坝地区龙马溪组页岩微观孔隙结构特征及其控制因素[J]. 天然气工业，34(6)：9-16.

郭正吾，等，1996. 四川盆地形成与演化[M]. 北京：地质出版社.

何发岐，等，2012. 陆相页岩气突破和建产的有力目标——以四川盆地下侏罗统为例[J]. 石油实验地质，34(3)：246-251.

何建华，等，2014. 页岩微观孔隙成因类型研究[J]. 岩性油气藏，26(5)：30-35.

吉利明，等，2012. 常见黏土矿物电镜扫描微孔隙特征与甲烷吸附性[J]. 石油学报，33(2)：249-256.

姜在兴，2003. 沉积学[M]. 北京：石油工业出版社.

姜振学，杨威，罗群，等，2021. 四川盆地及周缘五峰—龙马溪组页岩气藏成藏要素匹配效应与综合评价[M]. 北京：石油工业出版社.

解德录，等，2014. 基于低温氮实验的页岩吸附孔分形特征[J]. 煤炭学报，39(12)：2466-2472.

李留仁，等，2004. 多孔介质微观孔隙结构分形特征及分形系数的意义[J]. 石油大学学报(自然科学版)，28(3)：105-114.

李庆辉，等，2012. 工程因素对页岩气产量的影响——以北美 Haynesville 页岩气藏为例[J]. 天然气工业，32(4)：54-59.

李全中，等，2017. 泥页岩中黏土矿物纳米孔隙结构特征及其对甲烷吸附的影响[J]. 煤炭学报，42(9)：2414-2419.

李贤庆，等，2016. 黔北地区下古生界页岩气储层孔隙结构特征[J]. 中国矿业大学学报，45(6)：1172-1183.

李笑天，等，2016. 四川盆地长宁—威远页岩气示范区下志留统龙马溪组泥页岩吸附特征及影响因素分析[J]. 海相油气地质，21(4)：60-66.

李玉喜，等，2011. 页岩气含气量和页岩气地质评价综述[J]. 地质通报，30(2-3)：308-317.

林腊梅，等，2013. 中国陆相页岩气的形成条件[J]. 天然气工业，33(1)：35-40.

刘洪，等，2013. 渝东南下志留统龙马溪组页岩矿物成分及脆性特征实验研究[J]. 科学技术与工程，13(29)：8567-8571.

刘洪林，等，2010. 页岩含气量测试中有关损失气量估算方法[J]. 石油钻采工艺，32(增刊)：156-158.

刘圣鑫，等，2015. 柴东石炭系页岩微观孔隙结构与页岩气等温吸附研究[J]. 中国石油大学学报：自然科学版，39(1)：33-42.

刘树根，等. 四川盆地东部地区下志留统龙马溪组页岩储层特征 [J]. 岩石学报，27 (8)：2239-2252.

马新仿，等，2004. 用分段回归方法计算孔隙结构的分形维数[J]. 石油大学学报(自然科学版)，28(6)：54-56.

马新华，等，2018. 川南地区页岩气勘探开发进展及发展前景[J]. 石油勘探与开发，45(1)：161-169.

马勇，等，2015. 渝东南两套富有机质页岩的孔隙结构特征- —来自 FIB-SEM 的新启示[J]. 石油实验地质，37(1)：109-116.

聂海宽，等，2013. 页岩等温吸附气含量负吸附现象初探[J]. 地学前缘，20(6)：282-288.

宁传祥，等，2017. 用核磁共振和高压压汞定量评价储层孔隙连通性[J]. 中国矿业大学学报，46(3)：578-585.

秦晓艳，等，2016. 基于岩石物理与矿物组成的液压脆性评价新方法[J]. 天然气地球科学，27(10)：1924-1932+1941.

任建华，等，2013. 页岩气藏吸附特征及其对产能的影响[J]. 新疆石油地质，34(4)：441-444.

沈骋，等，2017. 页岩储集层综合评价因子及其应用——以四川盆地东南缘焦石坝地区奥陶系五峰组—志留系龙马溪组为例[J]. 石油勘探与开发，44(4)：649-658.

田华，等，2012. 压汞法和气体吸附法研究富有机质页岩孔隙特征[J]. 石油学报，33(3)：419-427.

王鹏，等，2013. 页岩脆性的综合评价方法——以四川盆地 W 区下志留统龙马溪组为例[J]. 天然气工业，33(12)：48-53.

王社教，等，2009. 上扬子区志留系页岩气成藏条件[J]. 天然气工业，29(5)：45-50.

王世谦，等，2013. 页岩气选区评价方法与关键参数[J]. 成都理工大学学报(自然科学报)，40(6)：609-620.

王香增，等，2014. 鄂尔多斯盆地南部中生界陆相页岩气地质特征[J]. 石油勘探与开发，41(3)：294-304.

王振华，等，2014. 核磁共振岩心实验分析在低孔渗储层评价中的应用[J]. 石油实验地质，36(6)：

773-779.

魏祥峰，等，2013. 页岩气储层微观孔隙结构特征及发育控制因素——以川南—黔北××地区龙马溪组为例［J］. 天然气地球科学，24(5)：1048-1059.

武瑾，等，2016. 渝东北地区龙马溪组页岩储层微观孔隙结构特征［J］. 成都理工大学学报(自然科学版)，43(3)：308-319.

谢军，等，2017. 四川盆地页岩气水平井高产的地质主控因素［J］. 天然气工业，37(7)：1-11.

熊伟，等，2012. 页岩的储层特征以及等温吸附特征［J］，天然气工业，32(1)：113-116.

徐状，等，2017. 涪陵地区页岩总孔隙度测井预测［J］. 石油学报，38(5)：533-543.

徐祖新，等，2014. 页岩储层矿物组分分形特征研究［J］. 复杂油气藏，7 (3)：1-4.

薛冰，等，2015. 页岩含气量理论图版［J］. 石油与天然气地质，36(2)：339-346.

杨峰，等，2013. 高压压汞法和氮气吸附法分析页岩孔隙结构［J］. 天然气地球科学，24(3)：450-455.

杨峰，等，2013. 基于氮气吸附实验的页岩孔隙结构特征［J］. 天然气工业，33(4)：125-140.

杨正红，2017. 物理吸附 100 问［M］. 北京：化学工业出版社.

姚光华，等，2016. USBM 方法在页岩气含气量测试中的适应性［J］. 石油学报，37(6)：802-806+814.

于炳松，2012. 页岩气储层的特殊性及其评价思路和内容［J］. 地学前缘，19(3)：252-258.

张大伟，2012.《页岩气发展规划(2011—2015 年)》解读［J］. 天然气工业，32(4)：6-10.

张烈辉，等，2015. 四川盆地南部下志留统龙马溪组页岩孔隙结构特征［J］. 天然气工业，35(3)：22-29.

张琴，等，2015. 页岩气储层微观储集空间研究现状及展望［J］. 石油与天然气地质，36(4)：666-674.

赵金洲，等，2017. 页岩储层不同赋存状态气体含气量定量预测——以四川盆地焦石坝页岩气田为例［J］. 天然气工业，37(4)：27-33.

赵文智，等，2016. 中国南方海相页岩气成藏差异性比较与意义［J］. 石油勘探与开发，43(4)：499-510.

赵杏媛，等，1990. 黏土矿物与黏土矿物分析［M］. 北京：海洋出版社.

钟光海，等，2016. 四川盆地页岩气储层含气量的测井评价方法［J］. 天然气工业，36(8)：43-51.

周理，等，1990. 述评超临界温度气体在多孔固体上的物理吸附［J］. 化学进展，11(3)：221-226.

周理，等，2000. 超临界甲烷在高表面活性炭上的吸附测量及其理论分析［J］. 中国科学(B 辑)，30(1)：49-56.

周尚文，等，2016. 中国南方海相页岩储层可动流体及 T2 截止值核磁共振研究［J］. 石油与天然气地质，2016，37(4)：612-616.

周尚文，等，2017. 页岩气超临界吸附机理及模型［J］. 科学通报，62(35)：4189-4200.

周守为，2013. 页岩气勘探开发技术［M］. 北京：石油工业出版社.

朱汉卿，等，2017. 低压气体吸附实验在页岩孔隙结构表征中的应用［J］. 东北石油大学学报，41(6)：36-45+65.

朱汉卿，等，2018. 基于氩气吸附的页岩纳米级孔隙结构特征［J］. 岩性油气藏，30(2)：1-8.

邹才能，等，2010. 中国页岩气形成机理、地质特征与资源潜力［J］. 石油勘探与开发，37(6)：641-653.

邹才能，等，2010. 中国页岩气形成机理、地质特征及资源潜力［J］. 石油勘探与开发. 37(2)：129-145.

邹才能，等，2011. 中国页岩气形成条件及勘探实践[J]. 天然气工业，31(2)：26-39.

邹才能，等，2013. 非常规油气概念、特征、潜力及技术——兼论非常规油气地质学[J]. 石油勘探与开发，40(4)：385-399.

邹才能，等，2016. 中国页岩气特征、挑战及前景(二) [J]. 石油勘探与开发，43(2)：166-178.

Barrett E P, et al, 1951. The Determination of Pore Volume and Area Distributions in Porous Substances. I. Computations from Nitrogen Isotherms [J]. Journal of the American Chemical Society, 73(1): 372-380.

Cao T, et al, 2014. Characterizing the pore structure in the Silurian and Permian shales of the Sichuan Basin, China [J]. Marine and Petroleum Geology, 61: 140-150.

Chalmers G R L, et al, 2007. The organic matter distribution and methane capacity of the Lower Cretaceous strata of northeastern British Columbia [J]. Canada International Journal of Coal Geology, 70(1): 223-239.

Chalmers G R L, et al, 2008. Lower Cretaceous gas shales in northeastern British Columbia, part II: Evaluation of regional potential gas resources [J]. Bulletin of Canadian Petroleum Geology, 56(1): 22-61.

Chen J, et al, 2014. Evolution of nanoporosity in organic-rich shales during thermal maturation [J]. Fuel, 129: 173-181.

Clarkson C R, et al, 2013a. Pore structure characterization of North American shale gas reservoirs using USANS/SANS, gas adsorption, and mercury intrusion [J]. Fuel, 103: 606-616.

Clarkson C R, et al, 2013b. Modeling of supercritical fluid adsorption on organic-rich shales and coal [C]. SPE Unconventional Resources Conference-USA, 10-12 April 2013, Thc Woodlands, Texas, USA.

Curtis J B, 2002. Fractured shale gas systems [J]. AAPG, 86(11): 1921-1938.

Curtis M E, et al, 2010. Structural characterization of gas shales on the micro- and nano-scales [J]. SPE 137693, presented at the Canadian Unconventional Resourcrs & International Petroleum Conference held in Calgary, Alberta, Canada, 19-21 October 2010.

Donohue M D, et al, 1998. Classification of Gibbss adsorption isotherms [J]. Advances in Colloid and Intherface Science, 76-77: 137-152.

EIA, 2011. World shale gas resources: An initial assessment of 14 regions outside the United States [R]. US Energy Information Administration.

Fert1 W H, et al, 1986. Total organic carbon content determined from well logs [J]. SPE 15812 presented at 1986 SPE Annual Technical Conference and Exhibition, New Orleans, Louisiana, 5-8 October.

Furmann A, et al, 2014. Relationships between porosity, organic matter, and mineral matter in mature organic-rich marine mudstones of the Belle Fourche and Second White Specks formations in Alberta, Canada [J]. Marine and Petroleum Geology, 54: 65-81.

Guidry F K, et al, 1995. Development of laboratory and petrophysical techniques for evaluating shale reservoirs [J], GRI Final Technical Report GRI-95/0496.

Guo T L, et al, 2014. Formation and enrichment mode of Jiaoshiba shale gas field, Sichuan Basin [J]. Petroleum Exploration and Development, 41: 31-40.

Hartman C, 2009. Shale gas core analyses required for gas reserve estimates [R]. Weatherfood Laboratories, TICORA Geosciences.

Hill D G, et al, 2000. Gas productive fractured shales: An overview and update [R]. GasTIPS.

Hill D G, 2004. Lombardi T E. Fractured gas shale potential in New York [J]. Northeastern Geology and Environmental Sciences, 26(8): 1-49.

Jarvie D M, et al, 2007. Unconventional shale-gas systems: The Mississippian Barnett Shale of north-central Texas as one model for thermogenic shale-gas assessment [J]. AAPG Bulletin, 91(4): 475-499.

Ji L M, et al, 2012. Experimental Investigation of Main Controls to Methane Adsorption in Clay-rich Rocks [J]. Applied Geochemistry, 27(12): 2533-2545.

Jiang Y, et al, 2018. Experimental study on spontaneous imbibition under confining pressure in tight sandstone cores based on low-field nuclear magnetic resonance measurements [J]. Energy & Fuels, 32(3): 3152-3162.

Jiang Z X, et al, 2013. Lithofacies and sedimentary characteristics of the Silurian Longmaxi Shale in the southeastern Sichuan Basin, China [J]. Journal of Palaeogeography, 2(3): 238-251.

Langmuir I. 1918. The Adsorption of Gases on Plane Surfaces of Glass, Mica and Platinum [J]. Journal of American Chemical Society, 40(9): 1403-1460.

Lewis R, et al, 2004. New Evaluation Techniques for gas reservoirs [J]. Reservoir Symposium, Schlumberger.

Loucks R G, et al, 2007. Mississippian Barnett Shale: Lithofacies and depositional setting of a deep-water shale gas succession in the Fort Worth Basin, Texas [J]. AAPG Bulletin, 91(4): 579-601.

Loucks R G, et al, 2012. Spectrum of pore types and networks in mudrocks and a descriptive classification for matrix-related mudrock pores [J]. AAPG Bulletin, 96(6): 1071-1098.

Lu X, et al, 1995. Adsorption measurements in Devonian shales [J]. Fuel, 74(4): 599-603.

Mastalerz M, et al, 2013. Porosity of Devonian and Mississippian New Albany Shale across a maturation gradient: Insights from organic petrology, gas adsorption, and mercury intrusion [J]. AAPG Bulletin: 1621-1643.

Muscio G P A, et al, 1996. Neoformation of inert carbon during the natural maturation of a marine source rock: Bakken Shale, WillistonBasin[J]. Energy and Fuels, 10: 10-18.

Nadeau P H, et al, 1981. Burial and contact metamorphism in the Mancos shale [J]. Clays and Clay Minerals, 29: 249-259.

Passey Q R, et al, 1990. Practical model for organic richness from porosity and resistivity logs [J]. AAPG Bulletin, 74(12): 1777-1794.

Pemper R, et al, 2009. The direct measurement of carbon in wells containing oil and natural gas using a pulsed neutron mineralogy tool [J]. SPE 124234, presented at 2009 SPE Annual Technical Conference and Exhibition, New Orleans, Louisiana, 4-7 October.

Pongtorn C, et al, 2012. High-pressure adsorptionof gases on shales: Measurements and modeling [J]. International Journal of Coal Geology , 95(1): 34-46.

Qi H, et al, 2002. Adsorption isotherms of fractal surfaces. Colloids Surface A: Physicochem ical and Engineering

Aspects, 206: 401-407.

Raut U, et al, 2007. Characterization of porosity in vapor deposited amorphous solid water from methane adsorption [J]. The Journal of Chemical Physics, 127(20): 1-6.

Rezaee M R, et al, 2007. Shale gas rock properties prediction using articial neural network technique and multiregression analysis, an example from a North American shale gas reservoir [J]. Australian Society of Exploration Geophysicists, November, Perth.

Rickman R, et al, 2008. A practical use of shale petrophysics for stimulation design optimization: All shale plays are not clones of the Barnett Shale [C]. SPE Annual Technical Conference and Exhibition, 21-24 September 2008, Denver, Colorado, USA. New York: SPE.

Ross D J K, et al, 2008. Characterizing the shale gas resource potential of Devonian Mississippian strata in the western Canada sedimentary basin: Application of an integrated of formation evalution [J]. AAPG Bulletin, 92 (1): 87-125

Schmoker J W, 1979. Determination of organic content of Appalachian Devonian shaless from formation-density Logs [J]. AAPG Bulletin , 63: 1504-1509.

Slatter R M, et al, 2011. Merging sequence straigraphy and geomechanics for unconventional gas shale [J]. The Leading Edge, 30(3): 274-282.

Smith E C, 1979. Gas Occurrence in the Devonian shale [C]. SPE-7921, SPE symposium on low-permeability gas reservoirs, May 20-22, Denver, CO.

Tan Ziming, et al, 1990. Adsorption in carbon micropores at supercritical temperature [J]. Journal of Physical Chemistry, 94(15): 6061-6069.

Tian H, et al, 2015. Pore characterization of organic-rich Lower Cambrian shales in Qiannan Depression of Guizhou Province, Southwestern China [J]. Marine and Petroleum Geology, 62: 28-43.

Tian H, et al, 2016. Characterization of methane adsorption on overmature Lower Silurian-Upper Ordovician shales in Sichuan Basin, Southwest China: Experimental results and geological implications [J]. International Journal of Coal Geology, 156: 36-49.

Wang G C, et al, 2013. Organic-rich Marcellus shale lithofacies modeling and distribution pattern analysis in the Appalachian Basin [J]. AAPG Bulletin, 97(12): 2173-2205.

Wang Y, et al, 2016. Methane adsorption measurements and modeling for organic-rich marine shale samples [J]. Fuel, 172: 301-309.

Xu J, et al, 2016. Brittleness and rock strength of the Bakken Formation, Williston Basin, North Dakota [C]. Unconventional Resources Technology Conference held in San Antonio, Texas, USA.

Zhou S, et al, 2016. 2D and 3D nanopore characterization of gas shale in Longmaxi formation based on FIB-SEM [J]. Marine and Petroleum Geology, 73: 174-180.